U0040572

「精英日課」人氣作家，
帶你理解天才的思考，改變你看待世界萬物的方法

高手相對論

RELATIVITY FOR GENERALISTS

萬維鋼 著

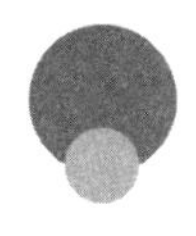

推薦文

不用讀完一本書，也不必搞懂相對論？

冬陽（中央廣播電臺「名偵探科普男」節目主持人）

十多年前，臺灣書市出版過一本翻譯書，書名取作《不用讀完一本書》。吸引我的是那段文案：「你曾經因為沒讀過某本書而覺得不好意思？沒讀過書不能討論書？沒讀完書不能算讀書？書，不必都讀過，不必讀到完，一樣能懂，更能侃侃而談！」

相隔一年，另一家出版社推出了「加強版」，《真的不用讀完一本書》（封面還特別在「真的」二字旁邊加上紅點），即便不是同一位作者的續作，顯然想藉此消除大眾覺得「買了書就要讀完」的莫名焦慮與沉重壓力。

我想依樣畫葫蘆一番，從這個角度呼喚各位翻閱《高手相對論》，因為「真的不用搞懂相對論」——請容我拿兩椿自身經歷作為說服的材料。

其一是學生時期，每逢大考小考、挑燈夜讀卻撐不住沉重眼皮的時分，我總禁不住哀號「書怎麼都念不完」。就在此刻，我那暖男老爸適時端來一碗油香四溢、熱呼呼的泡麵，要我補充熱量體力，同時微笑道：「書哪有念得完的時候？」的確，教科書上寫的是基本概念，考試評量的是各種延伸應用，不論文科還是理科，用功苦讀，拚的不只是腦袋能裝塞多少，還有舉一反三的靈活思考。

其二是二〇二一年初接下中央廣播電臺「名偵探科普男」節目，自其他節目的常駐來賓變為採訪他人的主持人，閱讀量也拉升到每週至少一本跨不同領域的科普書。當朋友聽我說「不一定會把每本書看完」時，臉上倏地閃過「這樣好像有點不用心不負責」的表情，於是我笑笑補上一句：「可是我一本書會讀不只一次呢。」

雖然讀得懂寫在書上的各個文字符號，但這不代表能全盤理解字面上的意思，以及隱藏其後的弦外之音。若是卡關、遇到讀不懂的地方，就算活剝生吞也毫無意義，那可能囿於自己的理解能力，也可能是作者的表達方式和自己不對盤，又或者需要重讀前面的段落、調整閱讀心態，等到經歷過其他事情、讀過其他書之後，就能靈光乍現地理解——對我而言，《高手相對論》就是這樣的一本書。

萬維鋼談相對論，不純然從科學思維正面對決，而是懷抱好奇地從實用角度側面敲擊。我認為他當年學習時並非一次就搞懂，而是咀嚼多回、旁徵博引地構築起理解相對論的方便途徑，於是利用聊天說故事的口吻行筆，掃除一般大眾想了解卻又害怕讀不懂的煩憂。

「愛因斯坦（Albert Einstein）怎麼構思出相對論的」是全書基底，以「相對論如何能改變現代人的世界觀」作為引導，降低大眾「我一定讀不懂，知道了也沒什麼用」的消極心理。萬維鋼將相對論視為一種代表人類智慧持續進步的重要思想、理解萬物運作的嶄新視角，那遠比選擇哪個科系、決定哪項投資、追求哪種生活更要緊，也更獲益無窮。

請試著翻閱這本書，沒有非得讀懂讀透的負擔，讓腦袋享受違背常理的暢快，好好見識精彩有趣的相對論。

推薦文

人生苦短，但宇宙很長

愛瑞克（《內在原力》作者）

我必須先感謝萬維鋼老師！儘管我十五歲時就已經聽說過愛因斯坦的相對論，但直到四十五歲，才因萬老師的這本書搞懂相對論在講什麼，更體悟了「世界由萬事萬物組成，但宏觀地看，其實都是同一回事」這個既科學又充滿人文思索的道理。

這該怎麼解釋呢？我們先從科學家的對於宇宙的理解說起。科學家提出宇宙間存在著四大基本交互作用（Fundamental interaction）：重力交互作用、電磁交互作用、強交互作用、弱交互作用，或又被稱為四大原力（Fundamental forces）：重力、電磁力、強核力、弱核力。它們暢行整個宇宙，也是構成當今整個世界之所以是這個樣貌的關鍵設定——如果上帝在創造世界時稍微調整了任何一個設定值，整個宇宙就不會是今天的樣貌。

《高手相對論》這本書著重在重力、電磁力的介紹，又以愛因斯坦的相對論為核心。即使相對論從一九〇五年發表至今，已經一百多年了，對於過去的我來說，仍總覺得距離生活太過於遙遠。不過隨著可重複使用的火箭技術愈來愈發達，特斯拉創辦人馬斯克（Elon Musk）的「Space X」公司，以及亞馬遜創辦人貝佐斯（Jeffrey Bezos）創立的「藍色起源」公司都積極投入星際發展，當人人都有機會坐上航向宇宙的飛船，相對論的時空知識必將成為最重要的基礎常識之一。

我樂觀地認為，此時此刻有辦法拿起此書、閱讀相對論概念的您來說，有生之年都有機會親自體驗到相對論之美。既然終究要理解，何不趁萬維鋼老師這本好書問世之時，就做個先行者呢？

再容我做個比喻，相對論之於物理學界，就好比長江之於中國大陸，儘管它不是唯一，卻是該領域的主流之一。過去我看過太多書籍有提到相對論，但多半都像是欣賞長江時，只顧著看上海浦東的出海口一樣，難以領略其真正碩大與幽深之美。《高手相對論》就像是一本從源頭開始談起的書，在萬維鋼老師幽默又具格調的筆下，將這條主流的發展過程娓娓道來，也順道將支流，以及相關流域的景緻做了簡要的描繪。幫助我們不僅是搞懂相對論，還能欣賞相對論，甚至在日常生活當中去感受相對論。

過去，我以財經背景出身，總覺得能夠以小學生也聽得懂的方式講授投資理財概念，代表真的熟稔這門學問，也得以造福更多的人。萬維鋼老師以其物理學專業背景，透過這一本書讓所有民眾都能夠體驗相對論，甚至物理學之美，將是科普知識的一大貢獻者。而我也深深佩服其將複雜概念生活化、科普知識藝術化的能耐，讓我讀此書的過程輕鬆、流暢，又能突破過去一個接著一個讓我不甚了解的關卡，幾乎是一氣呵成、毫無懸念！

當然，此書除了介紹相對論背後的思考脈絡，對於電磁學、光速、時空扭曲、黑洞、星際旅行以及時間旅行等概念都做了簡要的闡述，書中也納入許多民眾最常見的相關疑問，以作者的觀點做了簡答。儘管一本書未必能夠解答所有問題，卻很可能因著這一本書，幫助許多過去對這些領域感到陌生又不感興趣的人開啟了一扇窗，展開一段學習旅程。若能使這些思考與智慧普及於世，也可謂功德無量了。

人生苦短，但宇宙很長，就從此書開始，讓我們盡早展開這一趟早晚都必須開始的學習之旅吧！

願原力與你同在。

推薦短文

一門讓你不虛度此生的精彩理論

江瑛貴（清華大學天文研究所教授）

愛因斯坦於一九〇五年提出相對論，這門理論之所以著名，就是因為它關於時間和空間的概念既抽象又神奇，深深地吸引著一代又一代的人們去理解、探究與驗證。

當相對論的預言到今日一一被驗證為真，假如我們仍毫無知覺地過著平凡的日子，那就太對不起愛因斯坦老前輩了。至少要在日常生活中對「時間和空間是怎麼運作的」恍然大悟一回，才不算虛度此生啊！

《高手相對論》以輕鬆的語調、流暢的文筆，用近乎寫小說的方式，為大家介紹著名的相對論，實屬難能可貴。

很高興能夠看到這本書的誕生，值得一讀！

推薦短文

原來相對論可以這樣讀

高君陶（薇閣高中物理教師）

大家都知道或聽過愛因斯坦的相對論，但真正想接觸內容、理解其中奧妙的人並不多，遑論深入探討。相對論的觀念不但顛覆我們的直覺認知，更容易因嚴謹艱深的數學論述、玄妙怪誕的想法而使我們打退堂鼓。

透過這本書，作者萬博士費心地用簡潔但精準的文字，有條不紊地詮釋相對論的精彩玄妙，耿直描繪相對論的前因與後果，以及對於現代科技造成的革命與發展。萬博士說得很對：相對論的數學是簡單的，它的觀念啟發卻困難得多。許多熟知相對論的人，心中大抵會有一個共同的想法，那就是相對論其實是「不特殊論」。

坊間有許多科普書籍嘗試使用淺顯易懂的方式或詼諧有趣的漫畫介紹相對

論，而此書相當適合推薦給國、高中生閱讀，其中帶給我的新奇與吸引，讓我毅然接受遠流出版社的邀約。相信學生不僅能從《高手相對論》初窺相對論，也能得到更多的啟發與對物理的興趣。

推薦短文

請再給自己的好奇心一次機會

陳正昇（臺中女中物理教師）

如果我的學生想知道愛因斯坦的相對論到底說了什麼？我應該會建議他或她去看幾本介紹相對論的專書。但我也知道，那些書往往在最前面的十頁，就會把大多數人的好奇心消磨殆盡，因此這世界上有太多對這個物理理論感興趣，卻始終望著那道門檻興嘆的讀者。

有沒有可能盡量不用到數學公式，但還是把相對論最核心的思想說得一清二楚？你手中的這本《高手相對論》就是一次勇敢的嘗試。我看完之後，不敢確定作者是否已經達成自己設定的目標了，但我確定你——不論是文組還是理組的你——一定可以用三、四回下午茶的時間看完本書，然後對相對論擁有一個雖遠觀，然而比例正確的縮圖。

如果你也曾經對什麼是時間膨脹、孿生子弔詭、時空彎曲等感到興趣，我建議你馬上打開本書，請再給自己的好奇心一次機會。

推薦短文

不是物理系，也能領略相對論之美

楊毅（成功大學物理系副教授）

假如在路上隨便抓個人問：「誰是最有名的物理學家？」以及「你能說出哪一個物理公式？」相信十個人當中，有九個都會回答「愛因斯坦」和「$E=mc^2$」，要是更深入地問下去，說不定都還能夠說出原子彈、黑洞、時間旅行等等相關的答案。

然而，了解相對論背後漂亮的物理原理與故事，不應該只是物理系學生的專利！

雖然物理往往讓人覺得高深莫測，令人敬而遠之，但萬維鋼博士用淺顯易懂的方式來講解「狹義」與「廣義」相對論的重要概念，讓大家不用煩惱複雜的數學公式，就能抓住其中的精華，再加上每段後面的問與答，帶著大家更深入地欣賞「相對論」的美妙之處。

身在這個知識爆炸的世代，卻不了解過去一百年來最偉大與最漂亮的科學發展，豈不太可惜了？

推薦短文

撥雲見日的相對論

簡麗賢（北一女中物理教師）

物理學家克耳文（Lord Kelvin）在一九〇〇年曾發表一場題為「十九世紀光與熱的動力理論之上的兩朵烏雲」（Nineteenth-Century Clouds Over the Dynamical Theory of Heat and Light）的演說，讚揚物理理論的真與美，然而完備的理論卻被兩朵烏雲籠罩，一朵是黑體輻射，在短波長處，理論曲線與實驗曲線大相逕庭；另一朵是在邁克生—莫雷實驗（Michelson-Morley Experiment）中，找不到科學家前輩假定光波的傳播介質「乙太」（Aether）存在的證據。

儘管有這些未竟謎團，克耳文當時認為最終必能撥雲見日，圓滿闡釋這兩朵烏雲。

這兩朵烏雲果然引起物理學蛻變，第一朵導致量子力學的創立，第二朵引發狹義相對論。相對論和量子力學遂成為近代物理學的兩大基石，相對論概念應用於人造衛星全球定位系統（Global Positioning System，簡稱GPS），量子力學則帶領量子科技和量子電腦的研發。

談起相對論的歷史，這是科學史上一道精彩的思考歷程，也宛如科幻故事般充滿想像與創見；而時間膨脹、空間縮短、乙太、黑洞等有關相對論的專有名詞，必須淺顯聚焦描述，才能將難懂的原理化為一般人可理解的資訊。

《高手相對論》的作者萬維鋼先生深諳「曲高未必和寡，深入何妨淺出」之道，引導讀者循序漸進閱讀相對論的內涵，值得推薦。

高手相對論

「精英日課」人氣作家，
帶你理解天才的思考，改變你看待世界萬物的方法

總序

寫給天下通才

感謝你拿起這本書，我希望你是個「通才」。我對你有個特別大的設想。

我設想，如果你不滿足於僅僅靠某一項專業技能謀生，不想做個「工具人」；如果你想做一個能掌控自己命運、自由的人，一個博弈者，一個決策者；如果你想要對世界負點責任，要做一個給自己和別人拿主意的「士」，我希望能幫助你。

怎麼成為這樣的人？一般的建議是讀古代經典。古代經典的本質是寫給貴族的書，像中國的「六藝」、古羅馬的「七藝」，說的都是自由技藝，都是塑造完整的人，不像現在標準化的教育都是為了訓練「有用的人才」。經典是應該讀，但那遠遠不夠。

今天的世界比經典時代要複雜得多，今天學者們的思想比古代經典要先進得多。現在我們有很成熟的資訊和決策分析方法，古人連機率都不懂。賽局理論都已經如此發達了，你不能還捧著一本《孫子兵法》就認為可以橫掃一切權謀。我主張你讀新書，學新思想。經典最厲害的時代，是它們還是新書的時代。

就我所知而言，我認為你至少應該擁有這些見識——對我們這個世界的基本認識，包含科學家對宇宙和大自然的最新理解；對「人」的基本認識，例如科學化地使用大腦，控制情緒；社會是怎麼運行的，好比個人與個人、利益集團與利益集團之間如何互動。你還要能理解複雜事物，而不僅僅是執行演算法和走流程，以及一定的抽象思維和邏輯運算能力，掌握多個思維模型，遇到新舊難題都有辦法，一套高段的價值觀……

這代表——你需要成為一個「通才」。普通人才不需要了解這些，埋頭把自己的工作做好就行，但你不想當普通人才。君子不器，勞心者治人，君子之道鮮矣。你得把頭腦變複雜，你得什麼都懂才好。你不能指望讀一、兩本書就變成通才，你得讀很多書，做很多事，有很多領悟才行。

我能幫助你的，是這一本本的小書。我是一個科學作家，在「得到」App寫一個叫「精英日課」的專欄。這個專欄專門追蹤新思想。有時候我看到有意思的新書、有意思的思想，就寫幾期內容；有時候我做大量調查研究，寫成一個專題。這些書脫胎於專欄，內容經過了十萬名以上讀者的淬煉，書中還有讀者和我的問答互動。

我們已先出版《高手思維》、《高手學習》、《高手賽局》等書，現在出的是《高手相對論》。未來還有各種知識專題，都在研發之中。

通才，並不是對什麼東西都略知一二的人，不是只知道各門派趣聞軼事的人，而是能綜合運用各門派武功心法的人。這些書並不是某項學科知識的「簡易讀本」，我的目的不是讓你簡單知道，而是讓你領會其中的門道。當然你作為非專業人士，不大可能去求解愛因斯坦的重力場方程式，但是你至少能領略到相對論純正的美，而不是卡通化、兒童化的東西。

這些書不是長篇小說，但我仍然希望你能因為體會到其中某個思想，或與某位英雄人物共鳴，而產生驚心動魄的感覺。

我們幸運地生活在科技和思想高度發達的現代世界，能輕易接觸到第一流的智慧，我們擁有比古人好得多的學習條件。這一代人應該出很多了不起的人物才對，如果你是其中一員，那是我最大的榮幸。

萬維鋼

二〇二〇年五月七日

目錄

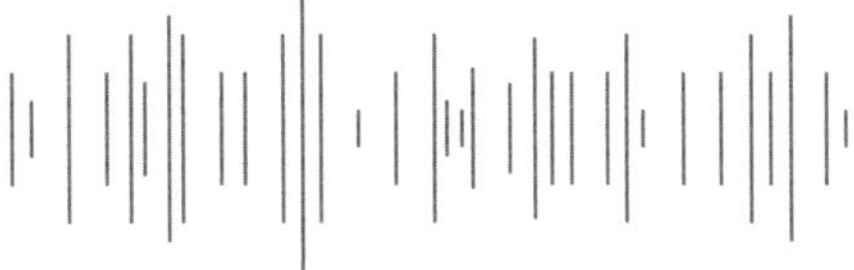

上帝是不可捉摸的，但並無惡意。

——**阿爾伯特・愛因斯坦**

第一章

一個簡單的信念

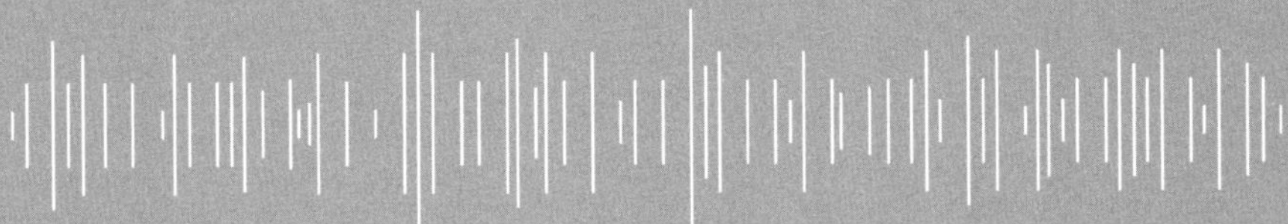

我想在本書中給你徹底講明白相對論。
相對論的數學很簡單，
但我們的重點是要說它的思想。

相對論對絕大多數的人來說，是個神祕的理論。你肯定已經聽說過一些有關相對論有趣和怪異的結論，比如一個物體在高速運動的時候，它的長度會變短，它的時間會變慢。

我們假設有一個距離地球四十光年遠的星球，光需要走四十年才能到達那裡。那麼，如果你以八〇%的光速前往那個星球，你得飛行五十年才能到達目的地，對吧？留在地球的我們看來的確是這樣。如果你出發的時候是二十歲，到達的時候應該是七十歲嗎？

不是。根據相對論效應，高速運動物體的時間會變慢。尋常的五十年對你來說只有三十年，你到達的時候，只有五十歲。而你要是能以九九．五%的光速飛行，你的時間將會比地球上的我們慢十倍！

這也就是說，相對論效應可以讓人穿越到未來。這不是科幻，這還僅僅是開胃菜。相對論，本質上是關於時空的理論——時空和我們平常想像的完全不同。正是因為有了相對論，我們才知道有黑洞這種東西，我們才知道空間居然會膨脹，我們才知道宇宙有個起源。

相對論也是一個出了名的難懂理論。據說愛因斯坦剛剛發表狹義相對論的時候，只有少數物理學家能理解。等到相對論已經被物理學家廣泛接受、愛因斯坦博得響亮名聲時，大眾仍理解不了。

我記得歐洲當時還出了一本叫《一百個反對愛因斯坦的作家》（*One Hundred Authors Against Einstein*）的書——然而愛因斯坦對此的回應是：「如果相對論真的錯了，有一個人反對就夠了。」

相對論真的這麼難嗎？要知道愛因斯坦發表狹義相對論是在一九〇五年，距今已經一百多年了，我們實在沒有理由不能理解一個清朝末年就被提出來的理論！

所以，我想在這本書中為你徹底講白相對論。相對論的數學很簡單，但我們的重點是要說它的思想。

相對論會對你的世界觀產生重大影響。作為一個現代人，如果不理解愛因斯坦的相對論，就錯過了這個世界最精彩的東西。一旦理解相對論，你就不再是以前的你，你就再也回不去了。不過只知道一些奇妙的結論，可不算理解。

我有一個好消息：相對論是簡單的，這是一個乾淨俐落的漂亮理論。但簡單不等於容易，簡單的東西可以非常深刻。

一個信念

我們先來開啟一個想像實驗：假設你在一艘豪華遊輪上旅行，這艘遊輪在海上行駛的速度很快，但是它非常平穩，沒有任何顛簸。遊輪上有個完全封閉的大廳，裡面有游泳池，有球場，你甚至還可以在裡面做物理實驗。

請問，在完全不和外界聯繫的情況下，你能判斷出這艘遊輪是在前進還是靜止不動嗎？

你可以在遊輪上做各種實驗來進行判斷。假設你拋球，站在陸地上把球拋到空中，在靜止的情況下，球會落回你的手中，可是在封閉的遊輪上拋球，也會是這樣的結果。又好比你向遊輪前進的方向射門，同在遊輪上的守門員只會感覺到你平常射門的速度，不需要考慮遊輪前進的速度。

只要遊輪的速度平穩、不發生變化，你就無法判斷它是運動的，還是靜止的。其實，我們生活的地球就相當於這一艘遊輪，地球繞太陽公轉的速度約為每秒二十九．八公里，比飛機快得多，但因為地球走的幾乎是一條直線，我們完全感覺不到它正在高速前進。

這一個道理，最早是「現代物理學之父」伽利略（Galileo Galilei）想明白的。你在速度是每小時五十公里的遊輪上建立一個座標系來研究物理學，而我在地面建立一個座標系時，我們其實是對等的。你相對於遊輪是靜止的，相對於我是運動的。你向前射出一支箭，假設箭相對於你的速度是每小時三百六十公里，那相對於我就是每小時四百一十公里（360km/h+50km/h=410km/h）。

不跳出自己的座標系向外看，你單憑做一個射箭、拋球之類的實驗，無法區分運動和靜止。等速直線運動和靜止沒有本質上的差別，所謂的「速度」，都是相對的。

這其實就是相對論，叫「伽利略的相對論」。

當我們探討到廣義相對論的時候，你還會知道，其實不一定是等速直線運動，加速度運動和靜止也沒有本質上的差別……

總而言之，物理學家看破了「運動」。在物理學家的眼中，運動和靜止其實是同一回事。

看破世間繁華

我學物理的一個感受是——以物理學觀察世界，有點像是傳說中的得道高人。普通人說這個好，說那個不好，高人會說它們其實是同一回事。愛拚搏就好嗎？淡泊名利就壞嗎？你看破了，就會認為這兩者沒有絕對的好與壞，必須看相對於什麼而言。物理學，有點看破紅塵的意思。

以前人們眼中非常不一樣的兩個東西，物理學家發現它們其實是同一回事，這是物理學統一世界的主要精神。

古人認為大地靜止不動，日月星辰都繞著地球做完美的圓周運動，天和地截然不同。可是後來天文學家透過精細的觀測發現——不對，天體運行的軌跡並沒有那麼完美，它很複雜。

哥白尼（Nicolaus Copernicus）就提出，如果把太陽當作是靜止不動的，並且想像地球和其他行星都繞著太陽做圓周運動的話，就能夠解釋以前解釋不了的一些軌道。地球，不是宇宙的中心。這就是「日心說」。

日心說就有點看破紅塵的意味。哥白尼等於是說地球和天上的那些天體沒有本質上的差別，天和地是同一回事。

天主教會無法接受這個學說，而物理學的思想解放才剛剛開始。那時人們認為行星都是做圓周運動，而且是有一些小精靈在推著行星運動……之後，天文學家克卜勒（Johannes Kepler）提出行星繞著太陽轉的軌道並不是完美的圓形，而是橢圓。克卜勒甚至已經提出行星不需要精靈推著走，只要太陽給行星一個吸引力就行。克卜勒，把行星給看破了。

等到牛頓（Isaac Newton）一出手，就把引力也看破了。牛頓指出不但太陽和地球之間有引力，地球上所有具有重量的物體之間也都有引力。引力普遍存在，天上和地上真的是同一回事。

這幾次「看破」之後，再結合數學方程式和天文觀測，物理學就成了一個非常成功的理論。

我們看看「牛頓三大運動定律」中的前兩個。

第一定律，是在沒有外力作用的情況下，任何一個物體將會保持等速直線運動或者靜止。等速直線運動和靜止一樣，無須外力，無須解釋。

第二定律，是「力」會改變物體的運動方式。注意，這裡有個關鍵點，力不是運動的原因；沒有力，物體本來也在進行等速直線運動。力，是改變運動的原因。如果是一個理想的光滑平面，一個滾動的乒乓球會在上面一直前進，而在生活中，乒乓球之所以會停下來，是因為平面提供它摩擦力。一直動不停，無須解釋；動著動著卻停下了，才需要有個原因。

這兩個定律都離不開伽利略的相對論。力只能帶來加速度，單純的速度與力無關。等速直線運動和靜止都沒有力的作用，所以物理定律在遊輪和在地面是一樣的。

其實你不做實驗也能想明白，單純談速度真沒有什麼意義。宇宙中你來我往，可能距離地球很遙遠的一個星球，和我們之間就有個特別高的相對速度，但那個天體上的物理定律和我們這裡也沒有什麼不一樣。或許在那裡的外星人看來，他們是靜止的，我們才是在進行高速運動。

所以相對論是物理學家的一個信念。這個信念也可以叫「不特殊論」：不管你的速度有多快，你的座標系都不特殊。

這個信念實在太簡單，也太完美了。完美到即使海枯石爛、扭轉時空，物理學家也不應該放棄它……

「相對論與哲學家們」

愛因斯坦的相對論其實是伽利略相對論的延伸。伽利略的相對論是——如果你不看向自己以外的座標系，你做任何拋球之類的力學實驗都無法判斷自己是運動還是靜止。而愛因斯坦的相對論則不必限制於力學——你不管做什麼實驗，都無法判斷自己是運動還是靜止的。

這樣看來，相對論不是很容易嗎？這簡直就是一個簡單的哲學道理。

還真是這樣。哲學家很喜歡談論相對論。但是物理學家對哲學家有時是嘲諷的態度。有一套特別厲害的物理學教材叫《費曼物理學講義》（*The Feynman Lectures on Physics*），是大概有史以來最有趣的物理學家，理查·費曼（Richard Feynman）在加州理工學院給大學生講課的記錄。費曼在這本講義裡專門寫了一個小節——「相對論與哲學家們」。

費曼說，有些哲學家把相對論想得特別容易。哲學家聽說了相對論的信念，認為這對我們哲學家來說，不是明擺著的原理嗎？不跳出自己的座標系，當然不會知道自己是運動還是靜止！物理學家折騰了半天，得出的還不是我們哲學家早就想明白的道理？

是嗎？相對論如此平凡嗎？哲學家坐在家裡喝著茶就能想出來嗎？不是。牛頓以後的物理學之所以不叫哲學了，就是因為物理學並非坐在家裡就能想出來的學問，物理學家靠的是數學、實驗和觀測。

接下來我們要介紹的事實，足以讓費曼嘲笑那些哲學家。因為它足以讓所有人——包括你、哲學家和物理學家——目瞪口呆。

這件事就是——光速在所有座標系下都是一樣的。

再回到遊輪的例子。假設站在遊輪上的你，並不是向遊輪前方射出一支箭，而是用手電筒打出一束光。相對於你來說，光速是每秒近三十萬公里。

既然你和站在地面上的我的相對速度是每小時三百六十公里，也就是每秒〇．一公里，根據伽利略的演算法，在我眼中，這束光的速度就應該是每秒三十萬．一公里，對吧？

物理學家發現，不是這樣的。不管你我的相對速度是多少，我測量這束光和你測量這束光的速度都是每秒三十萬公里！

這怎麼可能呢？我們這個世界怎麼會是這樣的呢？

這件事，哲學家坐在家裡喝多少茶都發現不了。你之所以覺得它怪異，只不過是因為你生活的範圍實在太小了，你的見識太有限了。

有些信念可以堅持，但是別忘了，有些常識是錯的。

讀者提問：

我有個很矛盾的推論：在電磁學發展之前，一些由電磁產生的神奇現象超出了當時人們的理解範疇，他們只能用宗教和迷信來解釋。其實如果把現在的手機通訊、GPS定位、視訊通話等拿到牛頓那個時代，他們也是無法理解的，或許還會被劃分到宗教或者迷信這個類別裡。那麼我們現在無法理解的部分現象（宗教和迷信），是不是在未來的某個時間也有可能被發現或解釋，比如時空穿梭、起死回生、四維、五維、多維空間等，宗教和迷信是不是可以稱為「還未被發現和被解釋的物理現象呢」？

萬維鋼：

我認為不是這樣。宗教和迷信並不是人們用來解釋未知現象的，而是用來解釋「不可控」的現象。

指南針永遠指向南方、磁石可以吸鐵、摩擦能夠生電，這些電磁現象，據我所知，並沒有被古人用宗教迷信來解釋。古人沒有說有一個什麼神在讓磁石吸鐵。古人把這些現象當作日常世界的一個性質，默默地接受了。而且古人還利用這些性質去做事。古人認為這些尋常的事情代表世界本來就是這樣，無須解釋。

那為什麼有些古人認為閃電是天神的動作呢？我認為根本原因在於，磁石具有的是穩定的性質，閃電卻是隨機的現象，是不可控的。

一個人從高處掉下來會摔死，雖然古人不知道「萬有引力」，但也不會感到奇怪。可是一個人如果是被雷電劈死的，古人會感到很奇怪：他在死之前的活動好像都很正常啊，為什麼不劈別人，非得劈他呢？

我認為迷信的根本原因在於人無法接受隨機事件，人不接受「無緣無故」這個解釋；如果找不到緣故，那就一定是鬼神的緣故。

如此說來，所謂穿越時空、多維空間之類的事，只能叫科學假設或者科學幻想，不能叫宗教迷信。事實上只有科學青年對這些話題感興趣，迷信的人更在意幸運之神能不能保佑他發財。

謠言不是遙遙領先的預言，迷信不是對科學之謎的提前相信。科學家、科幻作家和宗教人士觀察世界的視角完全不同，不適合互相借鑑。

第二章

英雄與危機

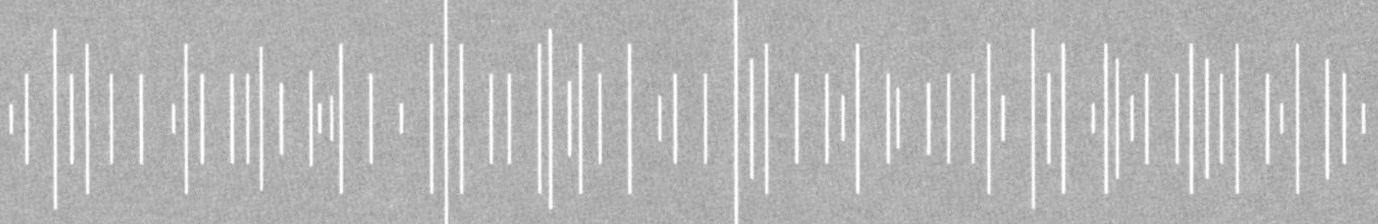

牛頓力學加上馬克士威電磁學，
身邊的一切物理現象都被理解了，
這絕對是英雄的壯舉。
但是這個成就裡，有一個危機。

物理學這個學科的一個特點，就是有太多的英雄人物。如果你不理解他們都幹了什麼，對物理學家報持敬而遠之的態度，也完全可以踏踏實實地過好這一生；可是，一旦你真正理解這些英雄做的事，或許就再也不願意老老實實地享受歲月靜好了，你可能會「一見楊過誤終生」。

在介紹愛因斯坦的豐功偉業之前，我們先說一說另外一位英雄，英國物理學家詹姆士·克拉克·馬克士威（James Clerk Maxwell）。馬克士威統一了電磁學，這項工作有多了不起呢？費曼是這麼評價的：「從人類歷史的長遠觀點來看……幾乎無疑的是，馬克士威發現電動力學定律將被評定為十九世紀最重要的事件。與這一重要科學事件相比，發生於同個年代中的美國南北戰爭，將褪色而成為只有區域性的意義。」

馬克士威的這個成就具有劃時代的意義。就連我將它寫下來告訴你，都感覺與有榮焉。

這件事直接促使愛因斯坦相對論的創立，你可以想像，整個過程猶如一場奇幻電影：一開始，大家過著平常的日子，突然有個人弄出一個大事件，因為這個大事件，人們意識到這個世界有點不太對，主角抓住這一點點不對，仔細追究下去，打開了一扇大門。這扇大門一打開，平常的日子就不存在了，從此進入奇幻世界，特異的事情接連不斷地發生……

我們先從平常的物理現象說起。

一點電磁學

我們在生活中能接觸到的物理現象其實只有幾種。搬運東西、測量物體運動的速度，這是力學；能看到周圍的事物、欣賞各種顏色，這是光學；平時用到的一切家用電器，幾乎都來自電磁學。

電磁學其實並不神祕。

電就是電荷之間的相互作用。電子帶負電，若剛好有個離子帶正電，電子與該離子之間就有一道吸引力，而電子與電子之間則會有一道排斥力，也就是同性相斥，異性相吸。

圖 2-1

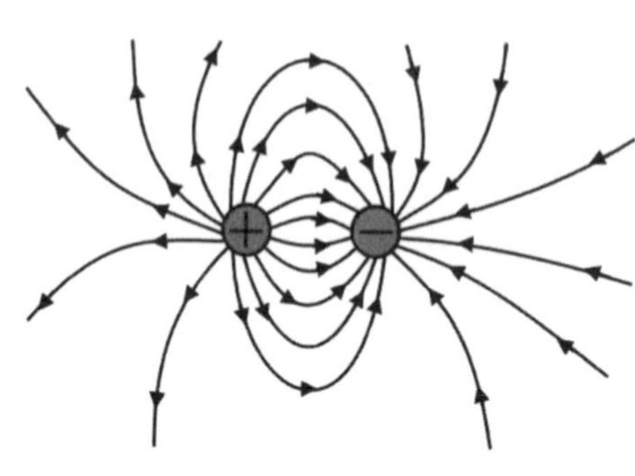

磁源於電，電荷運動產生磁。當一段導體中有電流，它的周圍就會有磁性。我們平時看到的磁鐵，無非就是其中原子排列得相當整齊，每個原子周圍由電子的運動帶來的磁力。

如果用物理學家的眼光理解電磁現象，就必須掌握一個叫「場」的概念。

兩個電荷之間發生吸引，請問它們是怎麼感覺到這個吸引力的呢？難道一個電荷隔空就能感應到另一個電荷的存在嗎？這裡可沒有什麼「超距作用」。每個電荷都會在自己的周圍形成一個「電場」，另一個電荷不是和這個電荷直接發生相互作用，而是與這個電荷的電場發生相互作用。

圖2-1中那些帶箭頭的曲線就是電場的形

圖 2-2

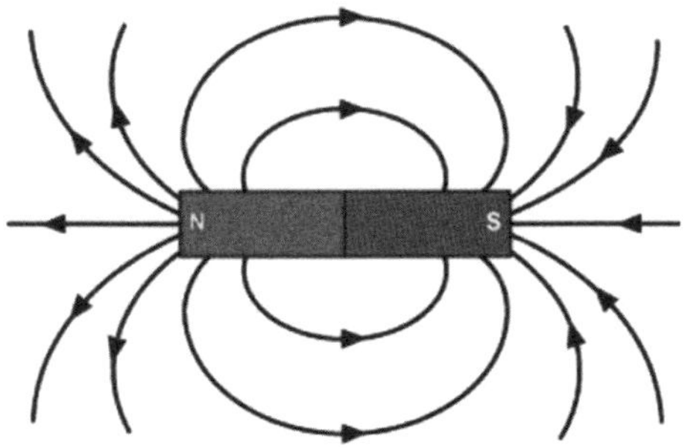

狀和走向。

而類似的概念，磁力其實也是以「磁場」的形式存在於周圍空間。（如圖2-2）

確切地說，是所有的電場和磁場重疊在一起，形成一個總合的電磁場，各個帶電物質會根據自己所在位置的電磁場決定自己怎麼運動。

電磁場可不是物理學家的想像，而是客觀存在、完全可以用儀器探測出來的。愛因斯坦曾經說過一句話：「場，就好像我坐的這把椅子一樣真實。」現在有些神祕兮兮的人說氣功高手能體察到「能量場」、名人的周圍有「氣場」，那些「場」可就不是客觀存在的了。

馬克士威的壯舉

馬克士威之前的物理學家已經對電磁現象做過各種研究。特別是麥可．法拉第（Michael Faraday），他在實驗室中發現，變化的磁場能夠帶來電流，也就是說「磁能生電」。這些電磁現象都很有意思，完全可以被編寫成一本書，列舉科學家已有的電磁學知識，但當時這些知識多半雜亂無章，就好像一本寫滿了各地風土人情的食譜。

馬克士威做的事情，有點像是一位好學的武林高手，博採眾家之長，融會貫通之後，創立了自己的武學。馬克士威創立的這門學問不但一統江湖，而且推演出一些前人根本沒想到過的新物理來。

一八六〇年代初期，馬克士威提出一組總共四個方程式，來描寫所有的電磁現象。

這就是著名的馬克士威方程組，它們寫出來非常漂亮。

$$\nabla \cdot \vec{E} = \frac{\rho}{\varepsilon_0}$$

$$\nabla \cdot \vec{B} = 0$$

$$\nabla \times \vec{E} = -\frac{\partial \vec{B}}{\partial t}$$

$$\nabla \times \vec{B} = \mu_0 \vec{J} + \frac{1}{c^2}\frac{\partial \vec{E}}{\partial t}$$

前三個方程式分別表示：電荷產生電場、沒有單獨存在的磁荷、變化的磁場也能產生電場。第四個方程式右側第一項說的是電流產生磁場，這些都是當時已知的物理知識。

我們的重點是要看看它的第二項，這一項是馬克士威的獨特發現。一方面，馬克士威考慮到電和磁之間應該有一個對照的關係——既然法拉第的實驗證明變化的磁場能產生電場，變化的電場是不是也能產生磁場呢？另一方面，

圖 2-3

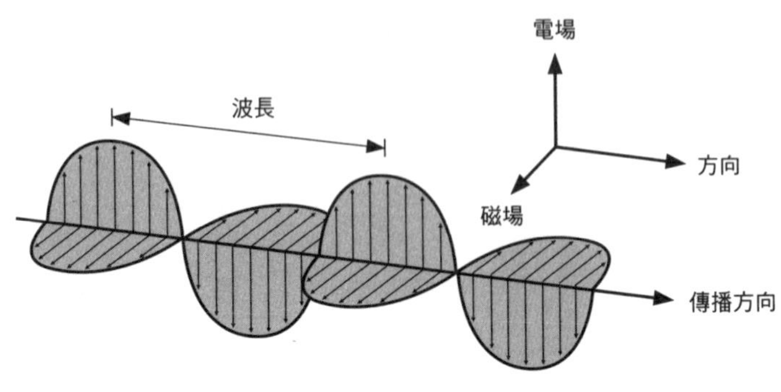

這一項也是讓方程組在數學上符合自恰性（自身一致性）、讓電荷數守恆的要求。這一項，就是意味著變化的電場也能產生磁場。

後來人們用實驗證明了馬克士威是正確的。但在當時，馬克士威的這項發現純粹是理論導出的！這就好比一個偵探，聽取了各方的資訊之後，突然推斷出一個人們意想不到的結論。而馬克士威用的，僅僅是數學。

馬克士威推論變化的磁場能產生電場，變化的電場又能產生磁場。這就能看出，電和磁其實在某種程度上是「同一回事」，電場和磁場可以互相產生，就算沒有電荷，用磁場也能產生電場。

然而，馬克士威緊接著想到，如果用線

圈形成一個振盪的電流，產生一個有週期變化的磁場，那麼這個依週期變化的磁場就能產生一個依週期變化的電場，而這個依週期變化的電場又能產生新的週期變化的磁場……以此類推，電磁場豈不是可以一直傳播下去嗎？

這就是「電磁波」。二十多年後，人們真的在實驗中製造了電磁波（如圖2-3），給後世生活帶來巨大的影響，不過，馬克士威在意的並不是電磁波的實用價值。

馬克士威用他的方程組直接算出了電磁波的傳播速度，他發現這個數值與光速是一樣的！

當時的人已經在實驗中測量了光速，而且早在一八〇一年，人們就已經知道光是一種波，但是人們並不知道光到底是怎麼回事。而馬克士威計算得出的電磁波的速度正好是光速，於是馬克士威大膽宣稱：光，其實就是電磁波。後來經人們證實果然是這樣，我們平時所能看到的可見光，無非是特定頻率的電磁波而已。

這是物理學家再一次看破紅塵。天上和地上是同一回事，等速直線運動和靜止是同一回事，電和磁是同一回事。馬克士威又說，光和電磁場其實也是同一回事。

這麼一來，物理學的邏輯結構就變得更簡單了。牛頓力學加上馬克士威電磁學，身邊的一切物理現象都被理解了，這絕對是英雄的壯舉。

但在這個成就裡，有一個危機。

危機

我們先簡單總結馬克士威的發現。

第一，他用四個方程式概括了所有電磁現象。

第二，他發現變化的電場和磁場可以互相產生，從而推導出電磁波。

第三，他計算出電磁波的速度正好是光速，從而說明光其實就是電磁波。

這就說明，光速，是電磁現象所要求的結果，是可以用數學計算出來的。

從邏輯觀點來說，不能脫離座標系談速度。那麼，馬克士威計算出來的光速是

圖 2-4

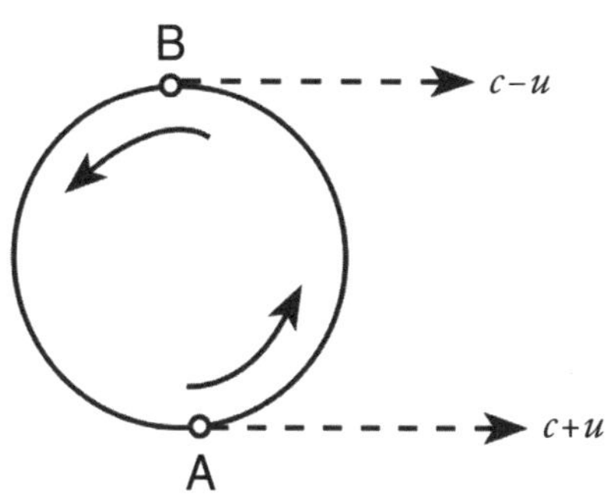

相對於誰的呢？

這個問題可以有兩種答案。

根據一般人的直覺，光速肯定是相對於光源的。打開手電筒射出去一束光，這個光速肯定是相對於手電筒嘛！但是，這個說法很快就被物理學家否定了。

宇宙中有一種「雙星系統」，兩個臨近的恆星互相繞著對方旋轉，誰也離不開誰。從我們這裡觀察，總有一個恆星在向著我們運動，另外一個恆星向著與我們相反的方向運動。（如圖 2-4）

如果光速是相對於光源速度（u）的速度，那麼向著我們運動的這個A星光速就應該更快一點，離我們遠去的B星光速（c）

應該更慢一點。

這個速度差異並不大，但是因為雙星距離我們十分遙遠，星光到達我們需要的時間很長，這一點點速度差異就足以讓我們觀察到這兩顆星的星光出現延遲。可是天文學家觀測了各種雙星系統，從來都沒有看到任何延遲。兩個恆星的光速始終都是一樣的！

這說明光速與光源的運動速度無關。物理學家對此並不感到驚訝，因為電磁波本來就脫離最早產生它的電荷和電流而獨立存在。

物理學家還設想，光其實是遍布宇宙空間的某種介質的波動，而光速就是相對於這個介質的速度……可當時的人萬萬沒想到，這個解釋，問題更大。

問與答

讀者提問：

在講馬克士威的發現時，提到「電磁波的速度正好是光速，從而說明光其實就是電磁波」。這看上去有混淆相關性與因果性的問題。比如有可能電磁波的速度與光速「正好」一樣，或者它們都受到了其他因素影響。時至今日，我們都知道「可見光」只是電磁波中的一個波段，但是在當時，人們是怎麼推導並證明這一點的呢？

A

萬維鋼：

「光就是電磁波」這件事，並不是馬克士威用理論證明出來的一個數學結論，而是他提出的一個物理假設。求解數學應用題是這樣：透過已知的知識，用嚴格的數學證明，導出一個邏輯上無懈可擊的結論。但這不是物理學發現，這是機械化的推理。

物理學家所做最高段的事情，是在這一些機械化的推理之外，跳出數學推導，提出一個大膽的假設。馬克士威僅僅看到他解出來的電磁波速度約等於當時人們測量的光速，就斷言光是電磁波，這就是個大膽的假設，也可說是一次思維變遷。

這就好比一個偵探透過勘查現場，發現犯案者的身高是一百六十三公分，他想到與此案相關的某個人，其身高就是一百六十三公分，於是他對助手說，那個人就是凶手。這般斷言，上法庭會奏效嗎？不會，法官會要求進一步的證據。但是這般斷言沒用嗎？當然有用，這正好展現了偵探的破案功夫。

需要有別的物理學家做實驗證明，進一步地探查，我們才能確信「光是一種電磁波」。但是馬克士威面對方程式的解，那一剎那的靈光閃現，是整個發現過程中決定性的一步。要知道，在他之前，從來沒有人能想到光和電是同一回事。

科學是一個嚴密的體系，但是進行科學研究，取得科學發現，又可說是一種藝術。

好比愛因斯坦設定光速不變，是時空的觀念要變，也是這樣的斷言，必須有後來的實驗證據才行。但光榮屬於愛因斯坦。接下來的幾章，我們還會繼續看到愛因斯坦的這種神來之筆。

Q **讀者提問：**

「因為雙星距離我們十分遙遠，星光到達我們需要的時間很長，這一點速度差異就足以讓我們觀察到這兩顆星的星光出現延遲。」假設能觀測到延遲，那這個延遲的樣貌會是什麼樣子呢？

萬維鋼：

想像有人每天早上寄給你一封信，晚上寄給你一封信。如果你收到信的時間正好是寄出後過十二小時一封，你就能確定，郵差對你送信的速度是一樣的，和早晚無關。如果郵差送信速度早晚有別，你就會發現收到的信是混亂的，任何時候都可能收到一封信，也可能會先收到晚寄的信後收到早寄的信。

如果光速與光源速度有關，我們觀察雙星系統會看到模糊的一團光，而不是不管距離多遠都清清楚楚的兩顆星。

第三章

光速啊，光速

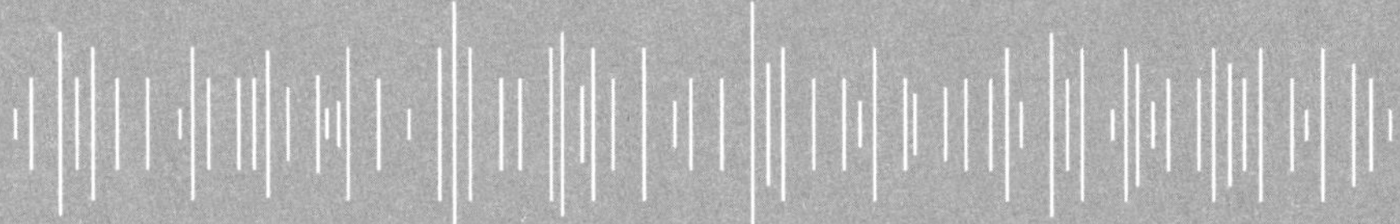

如果我以光速運動，

那我看到的光，會是什麼樣子呢？

難道光會是靜止不動的嗎？

看到第三章，你也許會有些著急：愛因斯坦的理論怎麼還沒出場？請相信，前面做這麼多鋪陳都是值得的。真正的精彩不在於相對論的結論，而在於思辨的過程。

前兩章，我們說了兩件事。

第一，等速直線運動和靜止沒有差別。物理定律——至少與力學有關的定律——應該在所有等速直線運動或者靜止的座標系下是一樣的。

第二，馬克士威在關於電磁的方程式中解出了一個光速，可是物理學家有個疑問：這個光速是相對於誰的呢？

如果光速是相對於光源速度的速度，那以上兩個事實不矛盾。但是實驗觀測表明，光速與光源的速度無關。

於是物理學家相信，光既然是一種波動，光速就一定是相對於某種「介質」的速度。

波動和「乙太」

先說說什麼是「波動」：你往平靜的湖裡扔一塊石頭，水面上就會產生一層層的波紋，慢慢傳播出去，這就是波動。用教科書上的話說，波就是「時間和空間上的週期性運動」。

需要注意的是，在水波向外傳遞的過程中，是波的形態在傳播，湖水本身並沒有向外傳播。湖面上的水有局限性地在原處來回運動，僅此而已。你看到海浪一層層來到岸邊，那些打上岸的浪花只是岸邊海水的波動，並不是遠方的水跟著海浪一起來了。

在大尺度上，水並沒有動，是波相對於水而動。水是水波傳遞的介質，波傳遞的僅僅是資訊和能量，而不是物質。介質本身，不需要動。

聲波也是這樣。距離你十公尺遠的人說話，你能聽到他的聲音，那是聲波在空氣中傳遞的結果。聲波從那個人的嘴邊到達了你的耳朵，但是那個人並沒有把他嘴邊的空氣吹到你這裡。

水波是相對於水面的運動，聲波是相對於空氣的運動。那麼，既然光作為電磁波，也是一種波動，它就也應該是相對於某種介質的運動，對吧？

這個假想中的介質，就被稱為「乙太」。

並不是物理學家觀察到乙太的蛛絲馬跡，也不是物理學家固執地相信凡是波都必須有介質。物理學家憑空想像出乙太，純粹是為了回答「光速到底是相對於誰」這個問題。

可是，沒有乙太

乙太到底是什麼東西呢？物理學家可以推算它的性質。

首先，既然我們能看到來自宇宙各處的星光，乙太就必須遍布整個宇宙空間，無處不在。

其次，乙太必定是一種非常稀疏的物質。這是因為我們完全感覺不到它的存在，存在於乙太中的各種東西都是該怎麼運動就怎麼運動，乙太對這些東西不構成障礙。

最後，乙太必須是一種很堅硬的物質。這是因為物理學家早就知道，波的傳播速度與介質的堅硬程度有關：介質愈硬，波速就愈快，比如聲音在水裡的傳播速度就比在空氣中快。

又很稀疏，又很堅硬，乙太這種物質豈不是太奇怪了嗎？

更嚴重的問題是，如果乙太真的存在，那物理學家對於「等速直線運動和靜止沒有差別」的信念可就錯了，他們可以說「相對於乙太的靜止」是絕對的靜止，它與運動有著本質上的差別。

還是回到那艘豪華遊輪上。你在船上做力學實驗，的確無法判斷船是運動還是靜止，但是現在，你可以做一個電磁學實驗，好比可以打開手電筒製造一束光線，然後測量它的速度。只要船相對於乙太運動，你就一定能找到一個方向——正好是船運動方向——的光速比其他方向要慢一些！只要你能找到這個會讓光速變慢的方向，不就證明船是在運動了嗎？

我們的地球就是這艘船，既然地球在公轉，它就一定是在運動。如果乙太

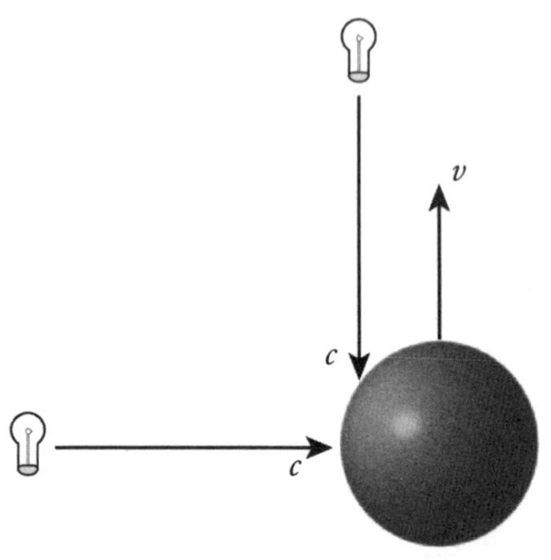

垂直照射到地球的光速是 c，地球公轉的速度是 v，那麼從地球公轉方向照射過來的光速應為 $c+v$，但透過測量結果，得知兩種情況下，光速是相同的。

存在，我們就一定能找到一個讓光速稍微變大或者稍微變小的方向，對吧？（如圖3-1）

這是一個關於乙太到底存在與否的決定性依據。我們知道地球公轉的速度大約是每秒三十公里，可是光速是每秒約三十萬公里，公轉對光速的影響非常小，但是這難不倒物理學家。

美國物理學家阿爾伯特．邁克生（Albert Michelson）發明了一個特別漂亮、能夠測量光速變化的裝置。

邁克生將一束光分成兩束，讓其在垂直的兩個方向前進，走過同樣的距離，經過鏡子反射回來。如果光速在兩個方向上是一樣的，兩束光就會形成一個完美的干涉條紋。但是只要這兩束光的速度有一丁點不一樣，這個干涉條紋就會被破壞。這個裝置足以發現極其微小的速度差異，現代人發現重力波的實驗裝置也用了這個原理。

這就是一八八七年的邁克生—莫雷實驗。實驗結果是地球上的光速在所有方向上都是一樣的。

這也就是說，根本沒有乙太。

這也就是說，光根本不需要介質，就能在空間傳播。

這也就是說，等速直線運動和靜止真的沒有本質上的差別。

而這也就是說，物理學家還是不知道光速到底是相對於誰的。

一八八七年，物理學家們全都陷入了困惑。他們還得再等十八年才能知道答案。而提供答案的人那時只有八歲，他就是愛因斯坦。

二十六歲以前的愛因斯坦

關於愛因斯坦，有一些民間傳說。很多人有這樣一個印象：愛因斯坦小時候學習狀況不好，似乎是個有點笨的孩子，後來他努力學習，才成了偉大的科學家。這樣的故事能給普通人希望，但愛因斯坦真的不是普通人。

二〇一七年，諾貝爾獎委員會曾在官方 Twitter 帳號（@NobelPrize）上貼出了愛因斯坦十七歲高中畢業時的成績單。

他的物理、代數、幾何、歷史成績都是最高分的六分，只有法語是三分。這樣的成績相當不錯。補充一點，愛因斯坦十六歲的時候就已經報考了現在享有「歐陸第一名校」美譽的瑞士蘇黎世聯邦理工學院，而且錄取了，只是校方要求他先把高中念完。

按照世俗的標準來看，愛因斯坦的確有一點「性格缺陷」。他對師長不夠尊重，還總是想對抗體制。比如愛因斯坦本來是在慕尼黑上高中，可是他受不了當時德國高中普遍實行的軍事化管理，索性退學，追隨經商的父母去了義大利，而且連德國的國籍都不要了。

愛因斯坦沒念完高中就想上大學，上了大學仍然不滿意。蘇黎世聯邦理工學院已經是很優秀的大學了，但愛因斯坦認為它的教學太陳舊。前文提及的馬克士威電動力學，當時已經被提出四十年了，可是蘇黎世聯邦理工學院的物理系居然沒有這門課程。愛因斯坦乾脆蹺課，自學馬克士威的理論。

愛因斯坦看不起物理系的教授，教授們也看不上愛因斯坦。他們給愛因斯坦的評價是不聽話，而且懶惰。他們甚至建議愛因斯坦不要學物理了，不如去學醫。

不過愛因斯坦在大學裡有一個重大收穫，就是他後來的妻子米列娃（Mileva Mari）。米列娃本來是學醫的，轉系學了物理，兩個物理青年就這樣相愛了。但是兩人的成績都相當普通。在物理系的五個畢業生中，愛因斯坦排第四，勉強拿到了畢業證書；米列娃排第五，必須重修一年。

當時是一九〇〇年，前三名的學生都得到了正式的教職，成為職業科學家。愛因斯坦和米列娃不得不為生計奔忙。兩人有了孩子，愛因斯坦為了養家活口，還去當了一段時間的家庭教師，後來好不容易在專利局找到了一個平庸的工作。

這就是愛因斯坦在一九〇五年之前的生活狀況。我想有類似經歷的求學者不在少數：心中有一個遠大的志向，看什麼都不順眼，面對現實毫不妥協，結果把自己的生活搞得很艱難……正所謂「誠知此恨人人有」。

愛因斯坦與這些人唯一的差別，是到二十六歲這一年，他創造了奇蹟。

我曾讀過一篇由物理學家楊振寧先生所寫的文章，叫〈愛因斯坦的機遇與眼光〉。楊振寧在這篇文章當中表示，愛因斯坦之所以能創造奇蹟，首先，是他極其幸運：「他生逢其時，當物理學界面臨著重重危機時，他的創造力正處於巔峰。」

然而，光有機遇還不行，因為當時至少還有兩個人——勞倫茲（Hendrik Lorentz）和龐加萊（Henri Poincare）也摸到了相對論的門，不過這兩人都沒有成功。楊振寧說：「勞倫茲有數學，但沒有物理學；龐加萊有哲學，但也沒有物理學。」而愛因斯坦為什麼能夠打開這扇門呢？因為愛因斯坦擁有「自由的眼光」。

愛因斯坦敢質疑當前現狀。愛因斯坦不與體制和解。楊振寧說愛因斯坦這種「孤持」（Apartness）的個性，是他能取得偉大成就的必要條件。

但是光有機遇和個性也不行。在我看來，愛因斯坦的物理直覺，也許是一種天賦。比如他五歲的時候，就對指南針非常感興趣。小孩對指南針感興趣很正常，但愛因斯坦的思路並不一般——他覺得指南針說明我們所處的這個空間有問題！空間不是各向同性的，它居然有一個特殊的方向！

愛因斯坦十六歲就寫了第一篇物理論文，這篇論文的題目是〈磁場中乙太狀態的研究〉（*On the Investigation of the State of the Ether in a Magnetic Field*）。他只問了一個問題：如果我以光速運動，那我看到的光，會是什麼樣子呢？難道光會是靜止不動的嗎？

當時愛因斯坦就認為光不會是那樣。他說，根據馬克士威的理論，不管我以怎樣的速度運動，我做實驗產生的光波還是會以光速運動。

一般情況下師長們都告訴你要適應世界。可是，愛因斯坦不是來適應世界的，他是來改變世界的。

問與答

Q

讀者提問：

乙太和空氣有什麼差別呢？推測乙太性質的時候說它能充滿整個宇宙，但又說「相對於乙太的靜止是絕對的靜止」。這表示空氣有可能被外界物體改變運動狀態和性質，而乙太是不會受外界影響的，只是始終靜止地待在一個地方嗎？

萬維鋼：

我們在書中只討論了地球相對乙太運動的情況，但當時的物理學家也考處了地球拖著周圍的乙太一起運動的情況。如果乙太有一定的黏滯性，會跟著地球一起動，我們在地球上做實驗時，的確會看到光速在各個方向都一樣。但如果乙太跟著地球一起動，那從地球看遠處的星光，在地球公轉的不同位置就會有不同的偏折——而我們沒有觀察到那種偏折。所以我們只好假設乙太不會到處動，只作為宇宙的背景存在。

第四章

刺激一九〇五

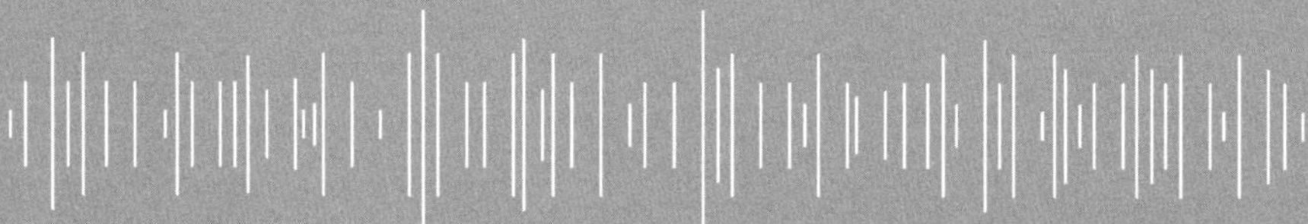

物理學家做的事情，
是對「這個世界是怎麼回事」提出一個假設，
然後再去驗證這個假設。
做這件事，除了數學，還得有智力和勇氣，
更需要「物理直覺」，
而愛因斯坦的天賦就在這裡。

只要你活得夠長，見識夠廣，你就會發現所謂「平凡的日子」其實是一個假象。我們生活的這個世界非常喜歡搞事情，其中不乏一些不可思議的大事件。

納西姆·尼可拉斯·塔雷伯（Nassim Nicholas Taleb）在他所著的《黑天鵝語錄》（*The Bed of Procrustes*）這本書裡說，一百個人裡面，五〇%的財富、九〇%的想像力和一〇〇%的智力和勇氣，都是集中在某一個人身上——儘管不一定集中在同一個人身上。

這個世界就是這麼喜歡不均勻的分布。

一九〇五這一年，全世界的智力和勇氣，大約都集中在愛因斯坦身上。

奇蹟

我們一般把一九〇五年稱為「愛因斯坦奇蹟年」。我記得二〇〇五年的時候，物理學家們還特地組織活動，以紀念愛因斯坦奇蹟年的一百周年——其他名人都是紀念誕辰或者逝世多少周年，愛因斯坦則是按照奇蹟年紀念。

瑞士伯恩專利局的助理鑑定員愛因斯坦，利用業餘時間展開科學研究，於一九〇五年發表了六篇物理學論文。其中四篇，借用物理學家楊振寧的話說，引發了人類關於物理世界基本概念——時間、空間、能量、光和物質——的三大革命。

一九〇五年六月九日，愛因斯坦發表〈關於光的產生和轉變的一個啟發性觀點〉（*On a Heuristic Point of View about the Creation and Conversion of Light*）。當時的物理學家認為光是一種連續的波動，而愛因斯坦在這篇論文裡針對「光電效應」這個現象，提出一個解釋，他認為光的能量不是連續變化的，而是一份一份，是「量子」化的。這篇論文開啟了量子力學。

僅僅過了一個多月，七月十八日，愛因斯坦發表〈熱的分子運動論所要求的靜止液體中懸浮粒子的運動〉（*On The Movement of Small Particles Suspended in a Stationary Liquid Demanded by the Molecular-Kinetic Theory of Heat*），解釋了布朗運動。

在過去很長一段時間裡，人們猜測世間的物質都是由分子和原子組成，但因為分子、原子的尺度太小，顯微鏡根本看不到，一直沒有直接的證據。在這篇論文發表的將近八十年前，英國植物學家羅伯特．布朗（Robert Brown）用顯微鏡觀察到水面上的花粉顆粒一直在做永不停息的不規則的運動，後來人們把懸浮微粒的這種運動叫「布朗運動」。

愛因斯坦在這篇論文中說，花粉之所以會這樣運動，是水分子的熱運動在不停推它的結果——而且他據此準確計算出了水分子的性質。這篇論文是人類第一次用科學觀察和數學嚴密的推論有力地證明了分子的存在。

到了九月二十六日，愛因斯坦發表〈論運動物體的電動力學〉（*On the Electrodynamics of Moving Bodies*），這篇論文提出狹義相對論。

而十一月二十一日，愛因斯坦發表〈物體的慣性同它所含的能量有關嗎？〉（*Does the Inertia of a Body Depend Upon Its Energy-Content?*），這篇論文用狹義相對論推導出了現在盡人皆知的公式——$E=mc^2$，並據此說明，質量和能量其實是同一回事。

這些論文實在太具革命性，它們剛發表出來的時候多少讓物理學家感到無法理解。但短短幾年之後，這些觀點就都獲得了實驗上的證明，並且被普遍接受。一九二一年，愛因斯坦還因解釋光電效應的那一篇論文得了一個獎——諾貝爾獎。

我有時候會想，如果一位現代物理學家穿越到一九〇五年，他敢不敢用這樣的速度發表那些論文？敢不敢一個人獨占這麼多革命性的榮譽？我覺得連小說都不敢這麼寫。

這也是為什麼，愛因斯坦是專門來改變世界的。

愛因斯坦的斷言

不過，別被愛因斯坦的光環嚇倒，我們在本書的開頭就說了，狹義相對論是個簡單的理論。

到現在這一步，物理學家面對的一切危機就是一個問題：馬克士威電動力學所解出來的光速，到底是相對於誰的？前一章提到，物理學家們透過實驗，推翻了之前關於光速是相對於光源或某種介質的假設，他們找不到這個問題的答案。

我不知道你小時候學物理時有沒有這樣的疑問：既然物理定律都能用數學表示，數學如此重要，那所謂物理學，是否就是數學底下的應用題呢？對做題的學生來說，物理學的確很像數學應用題。但是物理學家可不是拿著公式做題的人，他們是提出定律的人。

物理學家做的事情，是對「這個世界是怎麼回事」提出一個假設，然後再去驗證這個假設。

做這件事，除了數學，還得有智力和勇氣，更需要「物理直覺」，而愛因斯坦的天賦就在這裡。

一九〇五年，愛因斯坦出手了。他提出相對論的論文〈論運動物體的電動力學〉，說的就是光速危機。愛因斯坦的解決方案是一個撥雲見日的斷言——一切等速直線運動或者靜止的座標系下，物理定律都是一樣的。

這句話叫「相對性原理」，它是伽利略相對論的推廣。伽利略說力學在一切等速直線運動和靜止的座標系中是一樣的，而愛因斯坦說不必限定為力學，一切物理定律——包括電動力學——都是一樣的。

這其實就是第一章所提到的，物理學家的簡單信念。有意思的是，「光速不變」本身就可說是包括在相對性原理之中。無論是在哪個等速直線運動的座標系中，電動力學都一樣，所以解出來的光速自然也都一樣。

那麼，光速到底是相對於誰的？答案是不管相對於誰，它都是同一個數。物理學家用英文小寫字母「c」來代表光速，它不是一個變數，而是一個常量——每秒二九九．七九二．四五八公尺。

這也就意味著，不管你是站在地面靜止不動，或是在飛奔的高鐵上，甚至是在以接近光速飛行的太空船上，當你看到一束光的時候，這束光的速度永遠都是 c。

怎麼會是這樣呢？難道不同座標系下的速度不應該疊加嗎？難道我迎著光走的時候，光速相對於我不應該更快一點嗎？

愛因斯坦說，不是。不是光有問題，是你的時空觀有問題。

如果你覺得相對論怪異，那這一切的怪異都來自光速不變。可是光速為什麼不變呢？

復旦大學中文系的嚴鋒教授曾經調侃，說我們這個宇宙其實是個電腦類比，因為系統的計算能力有限，所以必須給光速設一個上限。

但是從物理學角度，我們知道光速其實是由馬克士威方程組解出來的——它是這幾個數學方程式一個漂亮的性質。你要是覺得光速怪異，首先應該問為什麼馬克士威方程組是這樣？為什麼能解出電磁波來？

答案是因為我們這個世界本來就是這麼奇妙。

你想想，為什麼會有「光」這個東西存在？為什麼一個帶電粒子做點有變化的運動，就會產生光呢？這難道不怪異嗎？

看看我們周遭，這個世界的存在本身，就已經是一件不可思議的事情！那相對論又有什麼好奇怪的呢？你覺得它怪異，只不過是因為相對論是高速效應，而我們熟悉的東西恰巧都是低速的而已。

圖 4-1❶

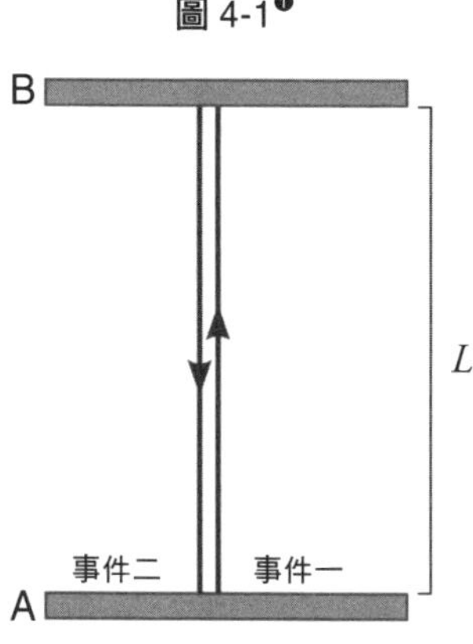

時間的膨脹

只要你堅信相對性原理和光速不變，狹義相對論的各個結論就都可以用數學推導出來。

我們來做一個想像實驗，看看真實時空的一個小祕密。

圖4-1表示的是一個長條形的盒子。盒子的一端（A）有個發射裝置，它可以在垂直方向發射一束光脈衝，盒子的另一端（B）是一面鏡子。我們要研究的是光從盒子的一端出來，到達鏡子，再反射回來的過程。

為此，我們先要定義兩個「事件」。

在相對論裡，時間和空間都是相對的，但是事件是絕對的，發生了就是發生了，沒發生就是沒發生。

我們把光離開盒子發射端這件事定義為「事件一」，把光經過鏡子反射之後又回到這個地方，定義為「事件二」。假設盒子兩個端點之間的距離是 L。

現在請問，事件一和事件二這兩件事，花了多長時間呢？

如果你與盒子在同一個座標系內，也就是說，盒子相對於你是靜止的，那麼答案非常簡單，小學生都會算：光走的路程是兩倍的 L，而光速是 c，所以花的時間寫作「$\Delta t = 2L/c$」。

但是，如果你與盒子不在同一個座標系內，答案就不是這樣了。假設你站在地面不動，而盒子相對於你，正以速度 v 在水平方向上進行運動。（如圖 4-2）

盒子在動，而你不動，那麼在你看來，從光離開發射裝置（事件一）到光打到鏡子上的路線就不是垂直的了，因為事件一發生之後，盒子會走過一小段距離。這種情況下，光走的路程是一個以 L 為其中一個直角邊的直角三角形的斜邊，我們用 D 表示。這時事件一和事件二花費的時間應該寫作「$\Delta t' = 2D/c$」。

圖 4-2❷

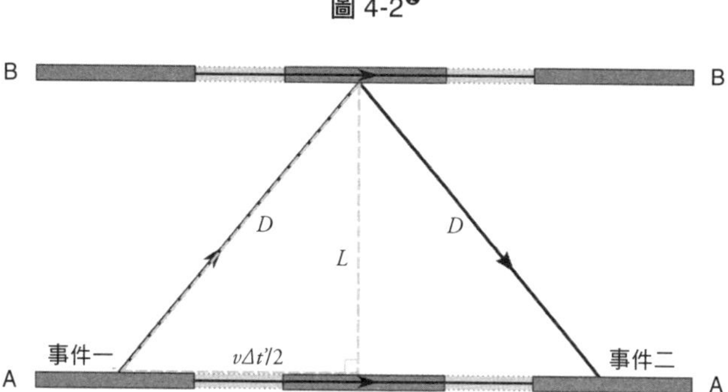

直角三角形的斜邊總是比直角邊長，D大於L，所以$\Delta t'$大於Δt。也就是說，同樣的兩個事件之間的間隔，你與盒子在同一個座標系時所感覺到的時間，會比你與盒子之間有相對速度的時候，要短一些！

到底短多少呢？這不過是一道平面幾何題，考慮直角三角形的另一條直角邊長度是「$v\Delta t'/2$」，容易推導出——

$$\Delta t' = \frac{\Delta t}{\sqrt{1-\frac{v^2}{c^2}}}$$

我們可以想像一個人跟著盒子走，另一個人看著盒子走，這個公式告訴我們，在看著盒子走的人看來，自己的時間過得比較快，而跟著盒子走的那個人的時間比較慢。

用一般人的話來說，這就是「運動物體的時間會變慢」。

我們推導出這個怪異結論的過程，唯一用到的假設就是光速不變。在尋常的情況下，比如讓一個只學過「距離等於速度乘上時間」的中學生做這道題，他一定會假設時間不變，是光速要變。

這時，你一定要堅信光速在任何座標系下都不變才行。

尋常不尋常

那麼，怎麼理解「時間變慢」這個現象呢？是我們測量用的錶有問題嗎？不是。

根據相對性原理，物理定律在任何一個等速直線運動的座標系中都應該一樣，錶根本感覺不到自己是運動的還是靜止的。不但錶感覺不到，如果你跟著盒子一起動，你的意識、身上的每個細胞、組成你的每個原子，也都感覺不到任何變化。

是時間本身，變慢了。

而這個「變慢」也是相對的。運動中的你完全感覺不到慢，是靜止不動的我認為你慢。

這個效應普遍存在，你總是可以假想這個有光的盒子。只要你相對於我有速度，我看你的時間就比我看我自己慢。

為什麼我們平時感覺不到這個效應呢？因為我們平時的相對速度都太低了。只有在 v 相對於 c 不是特別小的情況下，相對論效應才明顯。

你可能已經想到，如果你能進行一段高速的長時間的旅行，豈不是就會比其他人老得慢嗎？

是的！已經有實驗證明這個效應了，我們下一章再說。

問與答

Q **讀者提問：**

既然運動是相對的，為什麼是它在高速運動，而不是我在高速運動呢？為什麼是它的時間變慢，而不是我的時間變慢呢？

 **萬維鋼：**

是你和它都在相對於對方的座標系高速運動，相對於自己則當然都是靜止的。你看他的時間比你看自己的時間要慢，他看你的時間也比他看自己的時間慢。

第五章

穿越到未來

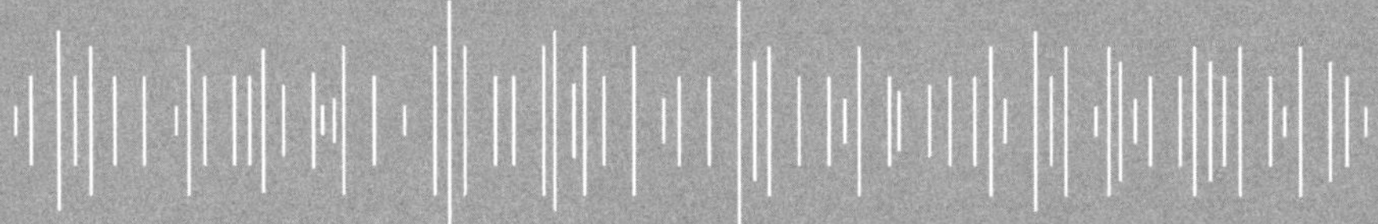

時空並不是一個客觀的、不變的、一視同仁的大舞臺，
每個座標系都有自己的時空數字。
當不同的座標系要想交流，得先做「座標變換」，
把對方的時空數字轉換成自己的。

一九〇五年是清朝光緒三十一年，可是直至今天，狹義相對論仍然是個激勵人心的理論。而我，有時候感覺自己仍然生活在清朝。

現在有些知識分子還在反對相對論。我曾經看到一篇來自燕山大學二〇〇七年發表的正規論文，題目為〈狹義相對論的本質及對科學、哲學和社會的影響〉，文中列舉了各種反對相對論的觀點，引用了五十多篇參考文獻，說狹義相對論是「科學體系中的一顆毒瘤」。

這些反對者連基本概念都沒搞明白，但是他們仍然能找到發論文的地方。所以我有一點感慨，任何一門理論，要是真想找，都能找出它在歷史上的爭議，包括各路權威的反對意見。如果你沒有區分該理論對錯的能力，你只能說這個學問「非常複雜」，愈琢磨愈糊塗。而如果你想專門抹黑或者吹捧一個學說，你完全可以得出自己想要的任何結論。

面對這樣的事情，你很可能會陷入虛無主義……難道這個世界就沒有對錯了嗎？

當然不是！科學之所以是科學，就是因為它有辦法判斷對錯。科學方法本就先是一套判斷對錯的方法。

相對論是一個非常「對」的理論。當然，這並不是說將來絕不會有更好的理論取代它，但在當前實驗驗證範圍之內，這是一個特別好、特別對的理論。

幸好科學結論不是投票選出來的，它最終靠的是實驗驗證。科學家早就對相對論進行了大量的驗證。

真的能「長壽」

前文提到，相對論效應會讓一個運動物體的時間變慢。這個效應叫「時間膨脹」，它可以用實驗驗證。

我們設想有一個距離地球八十光年遠的星球，而如果我們有一個速度達到〇．八光速（$0.8c$）的太空船，它飛到那裡就需要一百年。但是，這個數字是以地球為座標系計算出來的。對太空船上的太空人來說，他們的時間比地球上的人慢。相對論預言，在太空船座標系中，完成這趟旅行只需要六十年。

我們可以選拔一批二十歲的太空人進行這次任務。如果相對論是錯的，太空船沒有時間膨脹效應，那麼太空船就要飛一百年才能到達目的地。那個時候，這些太空人應該差不多都殉職了。而假設你是其中一名太空人，到了目的地發現自己還活著，自我感覺是八十歲，不就證明相對論是對的了嗎？

當然，拿太空人的一生去做這個實驗是不太妥當，而且我們現在也沒有速度能達到〇．八光速的太空船。但是，這個實驗其實在好幾十年前就已經做過了，而且結果完美符合相對論。

科學家做這個實驗用的不是太空人，而是一種叫「緲子」的基本粒子。緲子可以被視為電子的一個變種，在這個實驗中，關於它，我們只需要知道一點：它非常、非常短命。一個緲子很容易無緣無故地變成一個電子和兩個微中子，物理學家將這個過程稱為「衰變」。

基本粒子的衰變是個很奇妙的事情。粒子不會變「老」，衰變總是突然發生，而且是嚴格按照一定比例的隨機事件。緲子在靜止座標系下的半衰期❸只有二．一九七微秒——一微秒是一百萬分之一秒。這句話的意思是說，假設有一堆緲子，它們每隔二．一九七微秒，就會死掉一半。因為粒子不會變老，所以剩下的這一半緲子的半衰期，還是二．一九七微秒——也就是說再過二．一九七微秒，它們還會再死一半。它們始終會按照這個固定的速率衰變。

地球天空中的高速宇宙射線就有緲子，它們一邊衝向地面，一邊衰變——可以想像，能成功活著到達地面的緲子，應該很少。

一九四一年，物理學家用緲子驗證了相對論。❹他們首先在美國華盛頓山的山頂上用儀器測量了緲子流的密度，專門統計那些速度是〇．九九四光速的緲子，看在一定的面積內，一小時能收集到多少個這個速度的緲子。

華盛頓山的高度大約是兩千公尺。這些緲子從山頂到山下大約需要走六．七一微秒。如果這些高速緲子的半衰期和靜止緲子一樣，這六．七一微秒就是好幾個半衰期，那麼山下收集到的緲子數應該是山頂的八．五分之一。

可是，如果相對論是正確的，這些速度是〇．九九四光速的緲子的時間就應該變慢，它們的半衰期就應該變長，那麼在山下就應該收集到更多的緲子。

這就相當於速度為〇．八光速太空船上的那些太空人，到達距離地球八十光年遠的星球時本來應該幾乎全部殉職，結果卻有很多活著。

實驗結果是：物理學家在山下收集到的緲子數是山頂的一・二六分之一。這些緲子真的透過高速運動保持了青春——這正是相對論預言的結果，而且數值絲毫不差。

一九七九年，物理學家又做了一次實驗，他們用歐洲核子研究中心的粒子加速器把緲子加速到了〇・九九九四光速，結果這些緲子的平均壽命就被延長到了原來的二十九・三倍！

相對論不但正確，而且非常精確。

孿生子弔詭

這難道不是一個讓人活得年輕的方法嗎？的確是，而且後面講到廣義相對論的時候還會介紹另一個讓時間變慢的機制。科幻作品經常使用這種素材，比如電影《星際效應》（*Interstellar*）裡，太空人去黑洞附近執行任務，回來的時候還挺年輕的，可是自己的女兒卻已經很老了。

正所謂「山中方七日，世上已千年」。我想提醒你的是，這裡說的時間變慢只是不同座標系對比的結果。對於參加星際旅行的你來說，你實實在在活過的時間還是正常的壽命。在相對性原理之下，你根本感覺不到自己多出來什麼時間，如果你在地面上一輩子能讀一萬本書，在太空船上過這一輩子也只能讀一萬本書；你在山中過的這七天，也是一日三餐，共吃二十一頓飯。

但是你的確比地面上的人老得慢。說到這裡，有個著名的問題，叫「孿生子弔詭」。

假設你有一個雙胞胎妹妹，在你們二十歲這一年，你乘坐接近光速的太空船前往遠方執行任務，你的妹妹留在地球上。在你妹妹眼中看來，你這一走就是五十年，你回來的時候她已經七十歲了。可是因為相對論效應，你在太空船座標系下體會到的這段旅程只有三十年，你回來的時候才五十歲。

你離開的時候，兩人一樣大，回來的時候妹妹比你老了二十年。這個事實是沒問題，但人們會有一個疑問。相對於你的妹妹，你在太空船上是高速運動，所以會有時間變慢的效應，所以你比你妹妹年輕。可是反過來說，相對於你，你妹妹在地球上難道不也是在高速運動嗎？為什麼不是她比你年輕呢？

這個問題的答案是你和你妹妹所在的座標系並不是等價的。你妹妹一直待在地球上，可以近似為一個等速直線運動的座標系。而你離開地球必須首先加速到接近光速，到達目的地要減速、掉頭、再加速，回到地球還要再減速，你經歷的並不是等速直線運動。你在加減速的過程中得使用力量，你會有「貼背感」，而你的妹妹沒有。

考慮到這些，精確計算你在每個階段相對於你妹妹是什麼年齡就比較麻煩了[5]，這裡先不講，在本書番外篇會專門進行一點技術性的討論。

確定的是，這個效應是真實的，你真的比你妹妹年輕了二十歲。孿生子的效應已經有實驗證實。

驗證這個效應不需要真的進行星際旅行，你只需要一種精度非常高的原子鐘。先將兩個原子鐘對時，然後將一個放在地面不動，把另一個帶上一般的民航機的國際航班飛一圈。飛回來後，再把這兩個原子鐘放在一起，就會發現它們的時間有一個極其微小的差異——這個差異是實實在在地存在的。參加了飛行的那個原子鐘，現在確實比留在地面的那個「年輕」一點。

如此說來，那些經常在天上飛的飛行員和空服員都比一般同齡人要年輕一點！但是他們參與飛行的速度不夠快，一輩子也差不了一秒。而如果你能把自己的速度提高到接近光速，那麼你的一天是地面上人的一年，甚至一千年，在理論上都是可能的。你就等於穿越到了未來。

時空是相對的

與時間膨脹相對應的一個效應是「長度收縮」。

還是以太空人為例。同樣一段距離，我們在地面看他應該飛二十五年才能到，在他自己看來，飛十五年就到了。而且請注意，不管是哪一方看來，太空船相對於這段距離的飛行速度是一樣的。

這就意味著，太空人看到的這段距離，比我們看到的要短。

如同時間，長度也是個相對的概念。一個物體的長度在相對於它靜止的座標系中是最大的，如果你和它有一個相對的運動，你會覺得它比靜止的時候短一些。這就是長度收縮。

我還記得小時候看過一個日本動畫片，裡面用極其誇張的手法描寫了這個現象：幾個孩子騎自行車，其他人感覺他們都變瘦了。

其實嚴格地說，有人透過計算，得出三維物體的長度收縮效應是你「觀察」到的，而不是你「看」到的。考慮到物體各個部分的光到達你眼睛的距離不一樣，你的眼睛實際看到的感覺，只是這個物體旋轉了一個角度而已，在視覺上不會覺得它變短了；但是如果你考慮到光速是有限的，物體不同部分的光線到達你的眼睛有個時間差，你根據這個時間差做一番計算，即會得到長度收縮的結果。

時間膨脹和長度收縮這兩個效應告訴我們：空間的長短也好，時間的快慢也好，都與座標系有關，不同座標系中的觀測者所看到的時間和空間是不一樣的。時空並不是一個客觀不變的、一視同仁的大舞臺，每個座標系都有自己的時空數字。當不同的座標系要想交流，得先做「座標變換」，把對方的時空數字轉換成自己的。

但是，在每個等速直線運動的座標系內部，你所用的物理公式，都是一模一樣的。

如果永遠不聯繫，你在太空船的生活和我在地面的生活就沒有任何差別。可是一旦要聯繫，我們的數字則會非常不一樣。而這些不一樣，又恰恰是因為光速在所有座標系下都一樣。

相對論是如此讓人不好接受，卻又是如此簡單。

相對性原理是一個信念，但物理學家從來都沒有把相對論當作「信仰」——科學的精神是實驗結果說了算。物理學家始終對相對論保持開放的態度。二〇一一年，物理學家一度以為微中子的速度能超過光速，但是後來發現那是一個烏龍，是實驗設備有問題。

現在，我們只能說愛因斯坦完全正確。

讀者提問：以後一些暫時治不了的病，是不是讓病人上天飛幾圈，然後等醫療技術更進步了，再下太空船診治？以這樣的邏輯，快老死的人也可以透過這種方式續命，這其實就是永生了嗎？

A **萬維鋼：**現在有些人已經冷凍了自己的身體，希望有朝一日醫學進步了，把自己解凍再治病。這個方法其實不太好，畢竟沒有人用活人做過冷凍再解凍的實驗，我懷疑那些被冷凍的人其實已經死了。利用孿生子效應穿越到未來，對身體沒有任何生物和化學的影響，的確是一個更好的辦法，完全可行。

但是，這種方法並不能真正讓人「續命」。一個人的有效生活時間如果有一百年，相對論只能允許他選擇怎麼分配這一百年，而不能將他的壽命變成一百零一年。也許他是在二十一世紀活五十年，去二十二世紀活三十年，最後留下二十年再去看看二十三世紀和兩千年以後的世界。而他必須明白，每一次向未來穿越都是一次冒險，因為這種穿越只能向前，不能向後，而未來的世界未必比現在好。

讀者提問：

在「心流」狀態中，旁觀者覺得時間過了很久，沉浸在其中的人卻覺得很快。這和相對論有關係嗎？

A

萬維鋼：

這與相對論完全沒關係。心流狀態下的人感覺自己沒做什麼，外界的時間卻已經過了半天，這只是大腦的一個幻覺，他的身體仍然不折不扣地度過了這麼久……其實只要他的思緒回來，就會發現自己怎麼突然餓了。

讀者提問：

如果駕駛一艘太空船以〇·五光速駛離地球，太空船內的人始終和地球上的人用電磁波保持通話，那太空船上的人聽留在地球上人說話會不會好像是慢速播放，而地球上的人聽太空船上的話會是非常快速的？

讀者提問：

如果在一艘太空船上，我想和家人視訊，會是什麼樣的結果？是不是會眼睜睜地看著家人變老？

讀者提問：

太空人在接近光速航行，在太空船上看書，而地球上的人看到太空人翻書的速度，是和我們一樣，還是比我們快？

A

萬維鋼：

這三個問題本質上是一樣的。翻書也好，視訊也好，通電話也好，都是相對高速運動的兩個個體之間進行的聯絡。快與慢，取決於太空船和地球的相對運動關係。

如果太空船正在飛離地球而去，兩者之間的距離愈來愈遠，那麼不管是太空船上的人看地球上的人，還是地球上的人看太空船上的人，都會覺得對方說話、翻書、做動作的速度變慢了。

這首先是「都卜勒效應」，我們在日常生活中也有這樣的體驗。比如一輛火車正奔馳著離你而去時，你聽火車的汽笛聲，會覺得比火車不動的時候來得更低沉一些。用物理學家的話說，就是離你遠去的信號頻率會降低，因為週期延長了。

但是，考慮到高速運動，雙方不應該單純憑視訊判斷對方的衰老速度，還必須補償上時間膨脹的因素。最終結果是雙方看視訊中的對方都老得非常慢，但是計算出來對方老得沒有那麼慢——不過還是都比自己慢。

而如果太空船正在返回地球的路上，那麼雙方看對方在視訊裡的動作就都比自己要快。這就好像火車向你開過來的時候，你會覺得汽笛聲變尖銳了。只看視訊的話，雙方都會覺得對方比自己老得快。可是考慮到時間膨脹因素，還要再給對方補償一點時間，計算出來，對方的衰老速度還是比自己慢。

總而言之，不管是相聚還是遠離，只要有相對的高速運動，都會認為對方比自己老得慢。但這可不是孿生子弔詭，只有先見面，再遠離，然後又見面，兩次見面時的年齡對比才是實實在在的。否則，就只是各自座標系下起點不同的觀點而已。

Q 讀者提問：

光速是在真空中一樣，但地球的環境已不是真空，我們所感受的光速會有變化嗎？

A 萬維鋼：

光在非真空環境中的速度會比真空中慢。但這並不是光速真的變慢了，而是光經歷了一系列的折射反射，實際走的路線變長了。

Q 讀者提問：

不同的座標系應該怎麼理解？地球的座標系是以地球為中心嗎？那太陽的座標系是以太陽為中心嗎？

萬維鋼：

座標系完全是由觀測者自己決定的，可以以任何地點為中心。座標系的關鍵不在於座標原點（也就是中心）在哪裡，而在於它相對於誰靜止。

當我們說：「在我眼中，你的時間變慢了。」這話的意思其實是說，在相對於我靜止的座標系中，運動中的你的時間變慢了。其實我心中知道，你並不覺得自己慢，而且你還覺得我慢，但那都是觀點。座標系僅是規範的說法。「在我的座標系中，你這一趟飛了十五年」，這樣的說法並不會引起歧義。

讀者提問：
高速行駛的物體會變短。那麼高速飛行的太空船會穿過靜止時比它窄的夾縫嗎？

讀者提問：
既然運動的物體會變小，那麼一個接近光速的人（假設叫老李），能穿過相對於地球靜止的針孔嗎？在老李看來，針孔變大了嗎？

萬維鋼：
答案都是否定的。運動的物體會變短，是指在運動的方向上變短。夾縫的寬窄和針孔的大小都在太空船和老李運動的垂直方向上，它們之間沒有尺寸的變化。

與之類似的一個有意思的問題是所謂「梯子悖論」。有一個梯子，它的長度比一個車庫稍微長了一點點（如圖5-1），現在梯子在水平方向上高速從車庫中間穿過，那麼，是否有一個時刻，梯子整個都被放在車庫之中呢？

在車庫看來，運動的梯子會變短，所以車庫應該能裝下梯子。（如圖5-2）

而在梯子看來，是運動的車庫變短了，所以車庫應該裝不下梯子。（如圖5-3）

圖 5-1

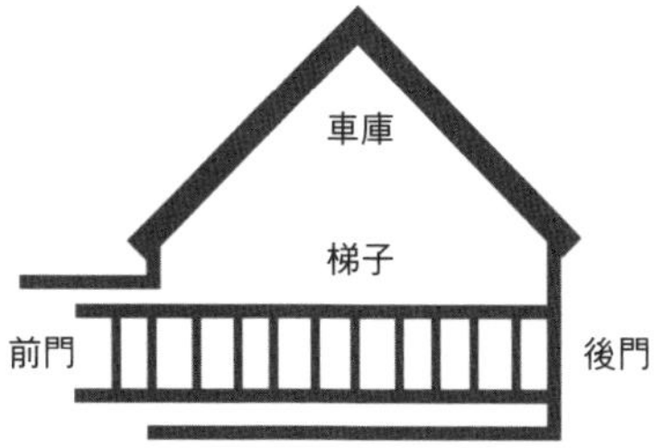

圖 5-2

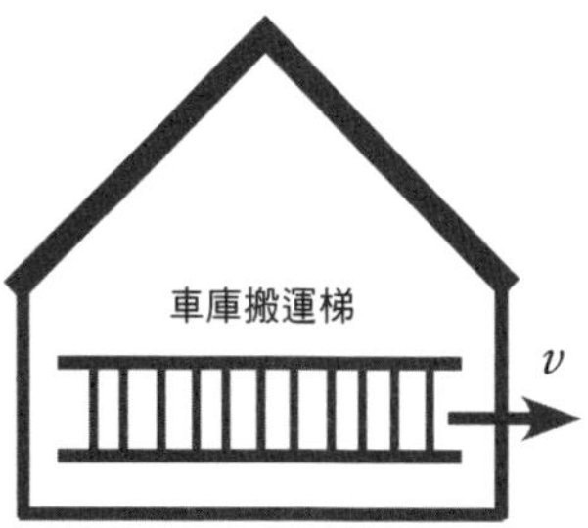

圖 5-3

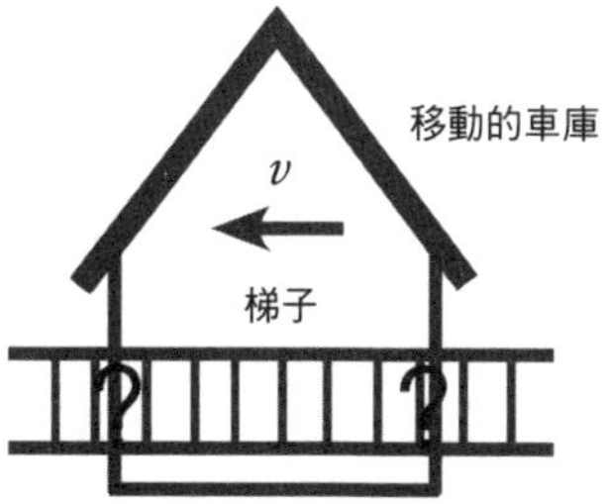

那到底是裝得下，還是沒裝下呢？答案是兩個說法都對。關鍵就在於「同時」是相對的。在車庫座標系下，梯子前端到達車庫後門和梯子後端到達車庫前門這兩個事件是同時發生的，所以能裝下。而在梯子座標系下，兩個事件並不是同時發生，所以沒裝下。

我們只能說反正車庫的前後兩個門一開一關，梯子通過了——但是我們沒辦法絕對客觀地說，兩道門是不是同時開關的。

第六章

「現在」，是個幻覺

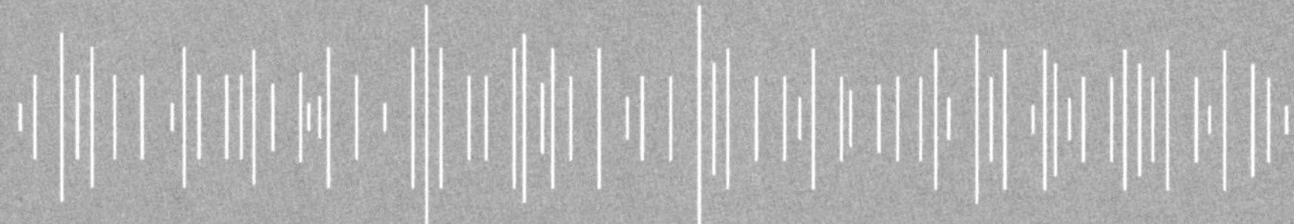

假設我們面對面說話，
你能看到我的形象，聽到我的聲音，
可是考慮到光和聲音都有一定的速度，
你看到和聽到的，其實都是我的過去。

「理論物理」是門非常特殊的學問。一般人認識世界都是在實踐中摸索一些規律，像現在流行的大數據方法一樣，知識來自經驗。但是理論物理學家另有一套方法。

物理學家總結出相對論的效應，比如時間膨脹和長度收縮，都不是來自對生活的觀察與歸納。我們生活在一個低速運行的世界，身邊從來都沒有人的時間因為運動而變慢，也沒有什麼東西的尺寸因為運動而變小。如果物理學家不說，人們做夢都想不到會有這樣的事。

物理學家之所以能發現這兩個效應，純粹是因為他們從相對性原理和光速不變這兩道基本假設出發，並用數學證明的結果。只要你堅信這兩道假設，那麼不管推導出什麼離奇的東西，你都得接受。你放任一個怪異的東西進門，就得準備好迎接整個新世界。這簡直有點像嫁給一個人，就得接受他身上所有的優點和缺點，包括他的整個家族……相當於打開了一個魔盒。

然後，人們想方設法創造極端的條件，驗證那些離奇的結論，發現它們居然全都是對的。所謂「運籌帷幄之中，決勝千里之外」，也無非是這樣吧？

接下來，繼續講一個從相對論推導出來、令人感慨的事實。

同時不同時

相對論的一個重要結論是，在某個座標系下看是同時發生的兩件事，自另外一個座標系看可能並非同時。為了理解這一點，必須再強調一下「事件」這個概念。

時間和空間都是相對的，但「事件」是絕對的。比如我們見面握手，這件事不管在什麼座標系下觀察，它發生就是發生了，沒發生就是沒發生，沒有任何疑義。但是，事件發生的先後次序，是不一定的。

我來介紹兩個想像實驗，我們一起體會一下其中思辨的樂趣。

第一個實驗是物理課上常用的例子，它與愛因斯坦本人設計的一個實驗有點像，但是能說得更清楚。想像有一輛火車正在鐵軌上，從左到右高速運動。火車上的中間點站著一個觀測者，他叫老李，你站在火車外的地面上。也就是

圖 6-1[6]

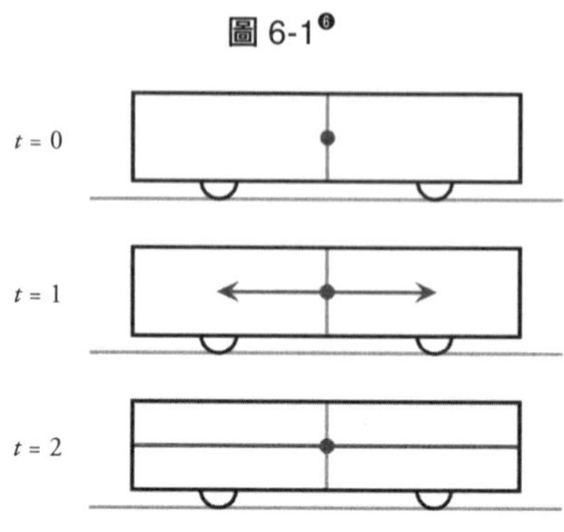

說，你是處在相對於地面靜止的座標系中，而老李則是處在火車座標系中，他相對於地面運動。

假設老李在火車中間點的位置點亮了一盞燈。你站在地面上，也注意到了這盞燈。那麼，這盞燈的燈光到達火車頭和燈光到達火車尾這兩個事件，是同時發生的嗎？

對老李來說，燈光距離車頭和車尾的距離相等，光速是固定的，所以這兩件事當然是同時發生的。老李看到的光束路線，在每一個時刻，距離車頭和車尾的長度都是相等的。（如圖 6-1）

然而對於站在地面上的你來說，光在往前和往後走的這段時間內，火車在移動。你

圖 6-2[7]

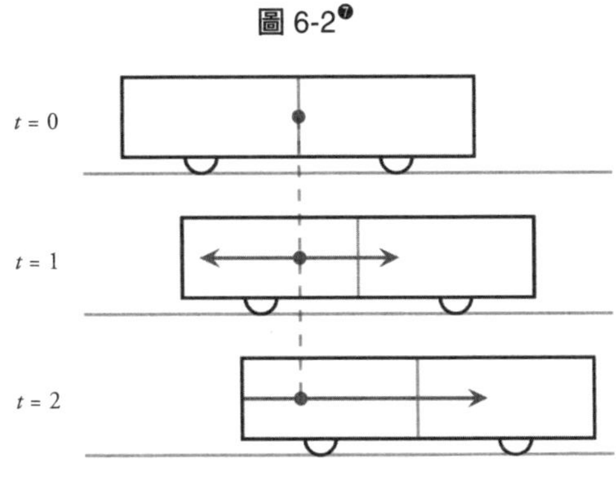

看到前後兩束光的路線可就與老李不一樣了。

在你看來，光速是相對於你，而不是相對於火車不變。在你看來，在光向左走的這段時間內，車尾也在向右走。也就是說，當左邊的光接觸到車尾的時候，右邊的光還沒有接觸到車頭。（如圖6-2）

所以對你而言，是車尾先接收到了這束光，車頭後接收到光——這兩件事不是同時發生的。

同時不同時，取決於你是在哪個座標系中看。

明德大學（Middlebury College）的物理學教授理查・沃夫森（Richard Wolfson）講過一個更直觀的思想實驗。[8]

圖 6-3

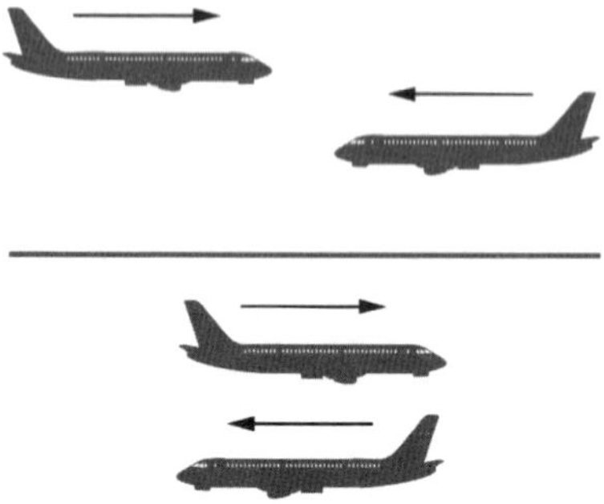

想像有兩架同樣大小的飛機，正以相對於地面同樣的速度相向而行，一架飛在上方，一架飛在下方，它們的飛行路線是平行的。（如圖 6-3）

我們定義「事件一」是上面那架飛機的機頭和下面飛機的機尾相遇；「事件二」是下面那架飛機的機頭和上面那架飛機的機尾相遇。那麼，是事件一先發生，還是事件二先發生？這就完全取決於你站在什麼座標系上進行觀察。

如果你站在地面上觀察，既然兩架飛機的大小相同，顯然事件一和事件二是同時發生的。

而如果你站在上面那架飛機上觀察，因

圖 6-4

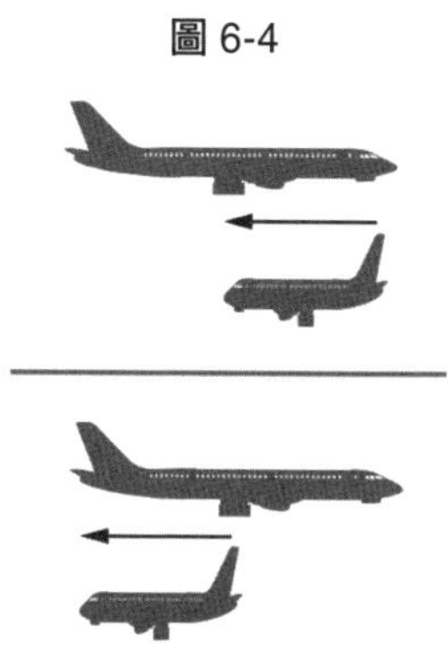

為下面那架飛機有相對於你的運動，你會認為下面那架飛機比你所在的飛機短——因為運動的物體會變短。這也就意味著當你的機頭遇到它的機尾的時候，它的機頭還沒有遇到你的機尾。（如圖 6-4）

因此，你會觀察到事件一先發生，事件二後發生。

同樣的道理，如果你是站在下面那架飛機上進行觀察，你就會發現是事件二先發生，事件一後發生。（如圖 6-5）

所謂「同時」，是一個相對的概念。我們不能脫離座標系談兩件事是否同時發生，甚至不能脫離座標系談這兩件事哪個先發生，哪個後發生！

圖 6-5

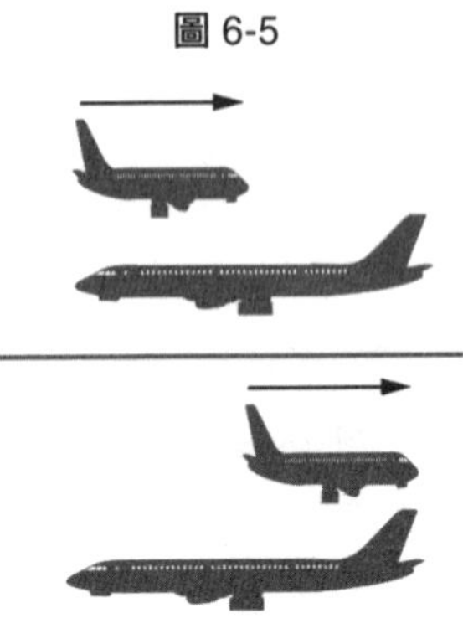

這就出現了一個大問題。是不是任何兩個事件的先後順序，都是相對的呢？

光錐之內，才是命運

科幻小說裡經常有穿越到過去改變歷史的劇情。你可能想像過這樣一個問題——如果我回到自己的小時候，然後殺死那時候的我，將會發生什麼事呢？

別擔心，狹義相對論禁止這件事發生。

雖然前文提到有些事件的先後順序是相對的，但是相對論並沒有拋棄「過去」和「未來」這兩個詞，有些事的先後順序無論在哪個座標系下看都是一樣的。相對論並不會混

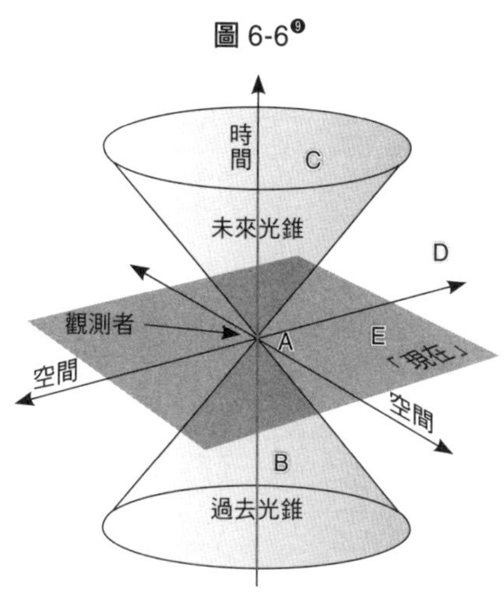

圖6-6[9]

淆因果關係。

那麼，到底哪些事件的先後是相對的，哪些事件的先後是絕對的呢？這裡，我們需要借助一個叫「光錐」的概念。

對於任意一個座標系中的一個事件A，我們首先用橫座標代表空間，縱座標代表時間，畫出它在這個座標系中的時空位置。（如圖6-6）

注意，我們在這裡說的是事件，可不是說人。在歷史中連續變化的你，並不是一個事件；此時此地的你，才是一個事件。圖6-6中，中間那一點A，就是我們當前的這個事件

A，圖中的平面代表了空間。A點向上，就是這個事件未來的時間；A點向下，則是過去的時間。在這個座標系下，A的過去和未來一目了然，它的「現在」，是位於時間原點的一個平面。

那麼，圖中標記的另外幾個點，C和D就都在A的未來，E在A的現在，而B在A的過去。

但是，這只是我們在這個特定的座標系中的看法。也許換一個座標系，這幾個事件和A的先後關係就會不一樣。那麼，哪些先後關係是不會變的，哪些先後關係是可能發生改變的呢？

這時，我們就需要「光錐」了。

所謂光錐，就是在每一個時間點上，看看光最遠能夠走多遠，然後把這個範圍畫出來，會形成上下兩個圓錐形。這上下兩個光錐，就代表了事件A的影響力邊界。

為什麼是這樣的呢？因為光速是資訊傳遞最快的速度。比如我們知道光從太陽走到地球大約需要八分鐘。那麼，此時此刻的太陽和你之間，能互相影響嗎？答案是不能。哪怕太陽此刻已經消失了，你也得在八分鐘之後才能感覺到，這是光速不能到達的時空的事件，與此刻的你沒關係。而如果光速可以到達，那麼兩個事件的先後關係就是明確的。

上方光錐中的事件C，就完全可以被A影響。C在A的光錐範圍之內，A可以給C發一個信號。這也就意味著，事件C只能發生在事件A之後。

比如我寫下這段文字的這件事，算是事件A。你看到這段文字的時候，你身邊發生的事，算是事件C。這個事件C就一定在事件A之後，因為我可以透過這段文字傳遞資訊給你，讓你干擾事件C。

同樣的道理，下方光錐中的事件，都是有可能影響到A的事件，所以一定發生在A的過去。

可是圖中的事件D和E，是在A的光錐之外的。它們和A之間無法透過光速建立聯繫。在這個座標系中，D和E發生在A的未來和現在，而在另一個移動的座標系中，D和E卻有可能發生在A的過去。

一個事件的光錐，界定了它的邊界。光錐以內的事件可以和它有關，光錐以外的事件卻必定與它無關。

活在「當下」

考慮到光錐，我們可以得出一個有意思的結論——「過去」和「未來」都有實實在在的範圍，「現在」卻是一個相對的概念。

圖6-6座標系中的那個平面，是事件A的現在——E和A同時發生，是「現在」的事。但是E在A的光錐之外，也就是說，在另一個座標系中，E和A就不是同時發生的了，E可能發生在A的過去或者未來。

「現在」，其實是一個幻覺。你影響不了現在，也不被現在影響。

這個道理其實很簡單。比如假設我們面對面說話，你能看到我的形象，聽到我的聲音，可是考慮到光和聲音都有一定的速度，你看到和聽到的，其實都是我的過去；而我的現在，也可以影響你的將來。

但是，「我的現在」和「你的現在」這兩個事件是不能互相影響的。在絕對的意義上，你只能活在自己的當下，並沒有人和你天涯共此時。

費曼講到這個道理的時候表示，很多人號稱能預測未來，殊不知，人其實連「現在」發生什麼都不知道。

我們曾經以為時空是個客觀的大舞臺，宇宙中所有東西有一個共同的標準時間——而真相是，時空是相對的。

現在是什麼時間？這段距離有多長？那個東西的速度是多少？這些問題的答案取決於你採用哪個座標系。

時空是相對的，好在因果關係還是穩定的，你不用擔心會被穿越者竄改歷史，這來自「光速是資訊傳遞的最快速度」這一項事實。

至此，你可能會產生一個疑問：為什麼不能超越光速呢？

關於這一題，我們下一章再講。

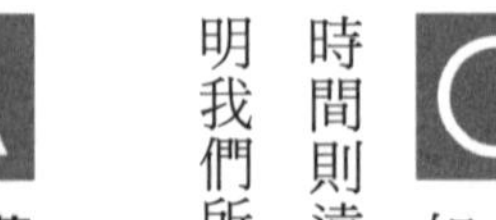

讀者提問：

如果光是有速度的，那宇宙中大部分我們所看到的行星光速到達地球的時間則遠超過星球的壽命（幾十億、上百億光年的星球多得是）。那是不是說明我們所面對的，是一個實際上絕大部分星球已經滅亡的宇宙？

萬維鋼：

你查閱了一個城市的身份證系統，發現人們的身份證照片大多都是幾年前照的，那你能說這座城市的人平均年齡都很大了嗎？當然不能。城市裡還有很多剛出生不久的人，尚未辦理身份證。

我們看到的都是星星的過去，愈遠的星星愈是如此。但是我們也時不時能看到新出生的星星。宇宙的演化非常漫長，在此之中的星星並不是一起產生的，一直都有新的星星產生，也有老的星星死亡。這也是為什麼天文學家自己的壽命這麼短，卻能研究星星的一生。

讀者提問：

如果太陽消失，對地球的引力馬上就沒有了，並不需要等八分鐘。但太陽消失這個事件在我們的光錐之外，卻對我們產生了影響，這要怎麼理解呢？

A

萬維鋼：

恰恰不是這樣。牛頓力學認為萬有引力的傳播不需要時間，但相對論反對這一點。事實上，就算太陽立即消失，它在地球附近的引力也得等大約八分鐘之後才會消失。這裡沒有「超距作用」，我們不是在與太陽直接打交道，而是與太陽在我們附近的引力打交道。「引力」以光速傳播——這也正是重力波的一個背景知識。

第七章

質量就是能量

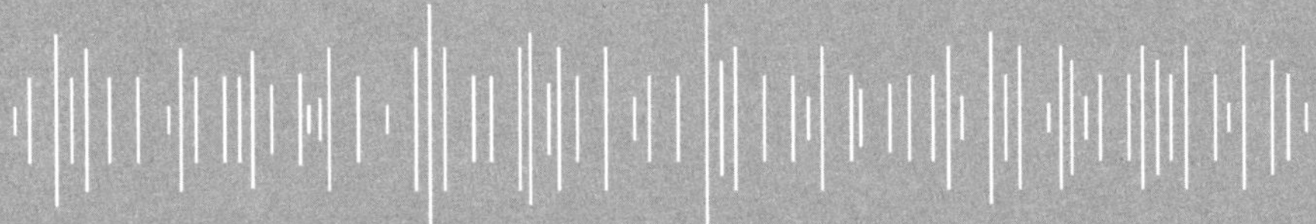

宇宙中的所有東西，無非就是質量和能量。

而愛因斯坦現在告訴你，

這兩種東西其實是同一回事——質量就是能量。

普通的物理學家能完成常規的數學證明和實驗測量。優秀的物理學家哪怕面對離奇的結論，也敢於把原則堅持到底。而愛因斯坦則是跳出推導、自己建立原則的人。

我在前幾章中介紹了相對論著名的幾個結論，包括時間膨脹、長度收縮、「同時」是相對的。這些結論看似離奇，但都是數學的操作，都可以從相對性原理和光速不變這兩項推導出來。

愛因斯坦了不起之處不在於這些機械化的推導論證，而在於他提出了相對性原理和光速不變這兩項假設。這是最高段的科學研究動作。提出假設需要洞見和勇氣，這個動作往往帶有一點個人風格。英雄從來都不是按照劇本走的人，英雄得任性。

這一章，我們將會看到愛因斯坦再一次的任性發揮。

物理學是個專門看破紅塵的學問，它的主要精神是解放思想。愛因斯坦在相對論上第一次出手，告訴了我們電動力學和常規的物理定律是同一回事。這一次，他將告訴我們質量和能量是同一回事。

速度疊加

先解決那個已經困擾了我們很久的問題：在相對論中，不同座標系下的速度應該怎麼算？

假設你在一艘時速一百公里的船上射出一支箭，這支箭相對於你的速度是時速兩百公里。用常規的計算方法可以算出，相對於陸地，這支箭的速度應該是每小時一百公里加每小時兩百公里，也就是時速三百公里。

但是這種把速度直接相加的演算法在相對論中肯定不對。不然的話，假設你在一個速度是〇．七五光速的高速太空船上向前發射一支相對於太空船的速度是〇．五光速的火箭，火箭相對於地面的速度若計為「$0.75c+0.5c=1.25c$」，這不就超光速了嗎？

正確的演算法應該考慮到，我在地面上看火箭飛過的距離和時間，和你在太空船上看到的是不一樣的，我們必須考慮時間膨脹和長度收縮的效應。具體來說，如果太空船相對於地面的速度是 v，火箭相對於太空船的速度是u'，那麼火箭相對於地面的速度 u，不是簡單地等於「$u'+v$」，而是一個公式——

$$u=\frac{u'+v}{1+\frac{u'v}{c^2}}$$

使用這個公式可以算出，火箭相對於地面的速度約等於○．九一光速，沒有超光速。

這個公式的數學形式很簡單，我建議你代入幾個數字試一試。比如在 u' 和 v 都遠遠小於 c 的情況下，這一公式就大致相當於「$u=u'+v$」，這就回到了我們尋常認知中的速度相加，我們的日常生活定律恰恰是相對論的低速近似。

再假設你在太空船上打開了手電筒，那手電筒中的光速相對於你，u' 等於 c，代入公式可以算出，u 也等於 c。這就是說，你在太空船上看到的光速，與我在地面上看到的完全一樣。

根據這個公式，不管你要疊加的兩個速度如何地接近光速，結果都無法超過光速。那麼，你大概可以想像，若是讓一艘太空船不斷地加速，應該也無法超過光速。

質量變重

我們考慮這樣一個情景：你坐在一艘太空船當中飛行，我在地面上靜止不動。太空船相對於我有很高的速度 v，但相對於你，它的速度始終是零。

你給太空船加速，它相對於你的速度永遠是零，但是你可以感受到加速的「貼背感」。假設你不斷地加速，並且心想，現在太空船的速度肯定愈來愈快，應該快到光速了吧？但是，在地面的我看來，速度疊加可不是簡單的「$u'+v$」。我看到的是，雖然你每次踩油門都能增加一點速度，但是這個速度的增加值愈來愈少了。

你覺得自己仍然在生龍活虎地加速，我看你卻是一個正在變油膩的中年人，愈加速愈吃力。在我看來，這就等同於你的太空船正變得愈來愈重。

這就是相對論的另一個效應：高速運動物體的質量會變重。質量變重的形式和時間膨脹一樣（其中的m_0是這個物體靜止時的質量）——

$$m = \frac{m_0}{\sqrt{1 - \frac{v^2}{c^2}}}$$

相對論的這幾個效應，你可以用類比和聯想的方法加深記憶：運動會讓你更年輕（時間膨脹）、變瘦（長度收縮）和變結實（質量變重）。

根據這個公式[10]可以得知——當你的速度接近光速的時候，在我眼中，你的質量就會接近於無窮大。

自你看來，你的太空船隨時都在從零加速。而從我看來，你每一次加速都愈來愈不容易。最後想要達到光速，你需要無窮大的力量！

這也就意味著一切有質量的物體都不可能達到光速。現代物理學家可以用加速器讓一個電子的速度達到〇・九九九九光速，但是它永遠都不可能達到真正的光速。電子會變得愈來愈重，你輸入再多的能量也不夠用。我聽說歐洲核子研究組織（Conseil Europeen pour la Recherche Nucleaire，簡稱CERN）剛建成的時候，一開加速器就會耗費很多的電，周圍城鎮的老百姓抱怨：「你們冬天能不能少做點實驗？因為我們取暖也得用電。」

但是，如果一個東西的靜止質量是零，它的質量就永遠是零，談不上加速和減速。

光子的速度之所以是光速，就是因為光子的靜止質量是零。光子不會減速，它的時間也永遠不動，它並不會「變老」——這表示它要不以光速運動，要不消失。

目前為止，這些結論都可以從物理學的基本假設推演出來，一個普通的物理學家也能做到。

接下來，我們把舞臺再次交給愛因斯坦。

愛因斯坦一九〇五年發表論文的速度有點像寫專欄。九月二十六日，〈論運動物體的電動力學〉正式發表。九月二十七日，愛因斯坦就提交了下一篇有關狹義相對論的論文——〈物體的慣性同它所含的能量有關嗎？〉。

這篇論文可不是狹義相對論的簡單延伸，它告訴了我們另一個做夢都想不到的事實。

$E=mc^2$

我們已經知道運動的物體質量會變重。那請問，多出來的重量，是多在哪裡呢？愛因斯坦把質量變化的公式做了一個小小的變化[11]——

$$mc^2 = m_0c^2 + \frac{1}{2}m_0v^2 + \cdots$$

從中我們就能看出來，在速度比較低的情況下，運動質量和靜止質量的差異乘以c^2，正好就是牛頓力學裡的「動能」。

換句話說，質量增加的部分是能量……那質量本身，是否也是能量呢？

愛因斯坦得出這樣一個洞見：mc^2 代表一個物體的全部能量，哪怕它靜止不動，它的質量本身也有能量。

這就是著名的「質能方程式」——

$$E=mc^2$$

這絕對是一個思維變遷，這是一個充滿愛因斯坦風格的斷言。在此之前從來沒有人想過質量蘊含著能量。這一項能從數學公式中導出，但是愛因斯坦現在給這一項賦予了意義，是畫龍點睛的一筆。

那麼，這能說明什麼呢？我們來做個想像實驗。

假設有一顆炸彈，它在房間的中間靜止不動。炸彈的質量是 M_0，它的總能量——包括它蘊含的一切化學能量——就是 M_0c^2。

現在這顆炸彈爆炸了，它正好炸成了質量相等的兩個碎片，向兩個相反的方向高速飛行。單一碎片的運動質量是 m，能量都是 mc^2，那麼根據能量守恆，

M_0等於 $2m$。

這兩個碎片會與房間裡的各種東西發生一系列的碰撞和摩擦，最終它們的動能會變成熱量消耗掉。兩個碎片最終會靜止，這時它們的質量都是m_0。

根據相對論，我們知道 m 大於m_0，所以M_0大於 $2m_0$。

也就是說，炸彈在爆炸之後，會損失一點點質量。那損失了的一點點質量，就是炸彈釋放的能量。能量來自質量。

關於這個炸彈的推理適用於一切釋放能量的現象，比如蠟燭的燃燒。你在點燃蠟燭之前，先秤一秤它的重量，再算一算它燃燒過程中需要用到的氧氣的質量。

等蠟燭燃盡，你再次秤一秤灰燼的重量，並且算一算它產生的燃燒氣體的重量，前後比較下，你會發現，總重量減少了一點點。那減少的一點點重量，化作了蠟燭燃燒向周圍釋放的光和熱。

在愛因斯坦發現質能方程式之前，從來沒有人想過化學反應會損失質量。這是因為光速實在太大，一點點質量就能化作巨大的能量。這是一個幾乎在實驗中無法測量出來的微小差異。

但是愛因斯坦就這麼預見到了。其實不僅是炸彈和蠟燭，不管什麼東西，只要有能量差異，就有質量差異。比如你把一根橡皮筋拉緊了，秤一秤它的重量；然後把它放開來，再秤一秤它的重量——橡皮筋的重量就應該減輕了一點點，因為它釋放了一點點動能。

但是這個質量的減少實在太小，連愛因斯坦都覺得這是無法驗證的。愛因斯坦曾經想到，也許核反應釋放的能量比較大，能驗證這個理論，但是經過一番思考還是覺得核反應太難實現，沒抱什麼希望。

結果誰也沒想到，後來核子物理發展得非常快，人們做出了原子彈，還能用核能發電，實驗結果完全符合愛因斯坦的質能方程式。

我們可以說愛因斯坦再一次看破了紅塵。宇宙中的所有東西，無非就是質量和能量。而愛因斯坦現在告訴你，這兩種東西其實是同一回事——質量就是能量。

這個質能公式還告訴我們，只要人類的技術夠先進，就永遠都不用擔心能源短缺的問題。因為光速 c 實在是太大了！只要花費一點點質量就能換來巨大的能量。如果受控核融合能成功，每年用幾克原料就能滿足一個城市一年的用電量。

「$E=mc^2$」這個公式已經和愛因斯坦永遠地聯繫在了一起，導致很多人以為是愛因斯坦發明了原子彈——真實情況是愛因斯坦未曾參與過原子彈的研究，他只是去信給羅斯福總統，呼籲美國研發原子彈，而且那封信還是別人書寫的，愛因斯坦只不過允許寫信的人使用自己的名字而已。但是我敢說，愛因斯坦的洞見配得上這些榮耀。

至此，狹義相對論已經介紹得差不多了，一開始僅僅是光速不變，現在卻連化學都要顛覆，不妨細細體會一下，我們是怎麼一步步走到這裡的。

相對論的奇蹟還沒結束。接下來，我們要講廣義相對論，愛因斯坦將會再一次看破這個世界。

問與答

Q

讀者提問：

第一次聽說化學反應放出能量時損失了一點點質量。那物理反應釋放能量會損失質量嗎？例如開水變冷了？

Q

讀者提問：

動能的增加會使質量增加，那位能的增加也會使質量增加嗎？例如，我坐電梯從一樓上九樓，九樓的我會比一樓的我重那麼一點點嗎？

萬維鋼：

把一個物體加熱，的確能增加它的靜止質量。

位能也能增加質量。不過九樓的你並不會比一樓的你重一點點——是上樓之後的你和地球加在一起的總質量，比上樓之前的你和地球加在一起時重了一點點。這就相當於把一個彈簧拉開，彈簧的質量便增加了一點點。

讀者提問：為什麼宇宙的膨脹速度可以一直加速呢？現在宇宙的膨脹速度已經超越光速了，這個速度有沒有極限？

萬維鋼：關於物理定律禁止超光速這件事，我們可以記住一句口訣：不存在超光速的資訊傳遞。這句口訣可以幫你判斷一切超光速現象的真偽。

所謂光速不變，是光在空間中的移動速度——嚴格地說是光在真空中的移動速度——不變；而宇宙膨脹，則是空間本身的膨脹。

我們可以想像有一個巨大的氣球，一隻螞蟻以固定的速度在氣球上爬行。當氣球膨脹的時候，氣球另一端的觀測者會覺得這隻螞蟻的爬行速度正在加快，可是這隻螞蟻根本感覺不到，它還以同樣的速度在爬行。這隻螞蟻能以更快的速度把資訊從A點送到B點嗎？不能！因為雖然它搭上了氣球膨脹的順風車，可是A點和B點之間的距離也在膨脹。

空間膨脹的速度在整個宇宙中是均勻的，我們這裡的空間也在膨脹，但是我們感覺不到。而在宇宙的大尺度中累計起來，遠處物體因為空間膨脹遠離我們而去的速度可以超過光速。但是如果你去到遠處，你會發現那裡和我們這裡一樣，並沒有什麼東西能以超光速運動。

事實上，除了空間膨脹，還有些現象也看似是「超光速」的。比如用手電筒打出一束光射向月亮，當你將手電筒從月亮的一端劃向另一端的時候，手電筒打在月亮上的那個光點，就可以以超光速的速度在月球表面移動，但是這個光點無法把資訊從月亮上的某一點送到另一點。

那只是一個光點而已。並不是月亮上真有一個什麼東西在移動。

第八章

不可思議的巧合

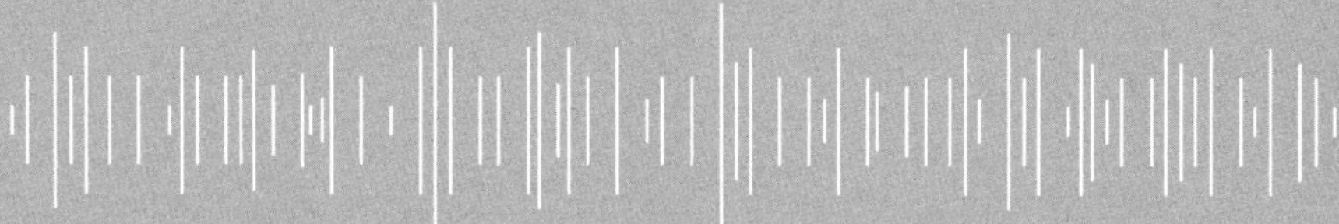

引力這個東西，其實是個幻覺。

或者說得嚴格一點：在局部，引力根本就不存在；

在大尺度範圍裡，引力根本就不是力。

那引力到底是什麼？

我在海洋世界看過鯨魚的表演。有的動物可愛，有的動物凶猛，而鯨魚給我的感覺與別的動物完全不一樣。鯨魚的身體那麼大，曲線那麼美，姿態又是那麼優雅。鯨魚游來游去，有時候還活潑地向觀眾拍打水花。可是我坐在那裡，覺得牠們好像是比人類更高級的存在，有如神明一般。

廣義相對論給我的感覺就是這樣，大，而且優雅。

廣義相對論是一個美麗的理論。

相比之下，牛頓的萬有引力公式過於直白。我們應該慶幸自己生活在一個廣義相對論主導的宇宙裡。廣義相對論的數學特別難，思想卻是簡單深刻的。想想它的來龍去脈，它意味著什麼，它能推演出什麼東西，其樂無窮。

還是先來一點鋪陳吧。前面介紹狹義相對論的時候，我們已經看到愛因斯坦喜歡設定一兩條最簡單的原理，不管用它們會導出什麼怪異的結論，你都得接受。

廣義相對論也是這樣。

廣義的相對性原理

狹義相對論的緣起是一個危機——物理學家搞不清楚光速到底是相對於誰的。一個問題等了十八年，直等到了愛因斯坦才將它解決。但是廣義相對論可不是源於另一個危機。廣義相對論，是愛因斯坦自己提出來要做的事。

一九〇五年，愛因斯坦剛剛發表了狹義相對論，就已經開始思考廣義相對論，費了十年終於完成。愛因斯坦想要的是什麼呢？

我們已知道狹義相對論的出發點是「相對性原理」：一切等速直線運動或者靜止的座標系下，物理定律都是一樣的。

愛因斯坦思考的問題是：為什麼非要限制為「等速直線運動」呢？為什麼加速度運動不行呢？物理學中的速度不光有大小，還有方向，所謂「加速度運動」包括了圓周運動、轉彎、變速等各種運動。有了加速度，就可以描述所有暫態的運動了。

所以愛因斯坦想的是，能不能把相對性原理再延伸一下，改成——在所有的座標系下，物理定律都是一樣的。

這就是「廣義的相對性原理」。這個思路很有哲學意味，但是它蘊含著顛覆性的新物理學。

當時並沒有人向愛因斯坦提出這個需求，那時候別的物理學家都還在消化狹義相對論，但我想，愛因斯坦的這個思路很容易理解。打個不恰當的比方，這就好比我已經征服了一個國家，那下一步是不是應該征服全世界呢？即使當時世界人民並沒有表現出想被征服的強烈願望，是愛因斯坦自己想要這麼做的。

為此，愛因斯坦必須清楚理解「引力」。

加速和有引力

讓愛因斯坦取得突破的，首先是這樣一個想像實驗。

假設你站在一個像電梯一樣的長方形封閉火箭裡，火箭會給你提供推力，讓你一直向上加速度運動。

可以想像，這種運動與等速直線運動截然不同。在等速直線運動中你是自由的，但是加速度運動中你會感到一個「力」。我們坐車的時候都有過這種感覺，車一加速，你會產生「貼背感」。

愛因斯坦思考的是這樣一個問題：我在火箭中做加速度運動的時候，感受到火箭的推力，這和我站在地面感受到地球的引力，有什麼差別嗎？

地球引力給我們的感覺是實實在在的。你如果長時間站立會覺得累，就算躺在床上，後背也會有一個壓力。在火箭中也是這樣，加速度會給你一個推力的感覺。

在地面，如果我讓一顆小球自然落下，它在引力作用下會愈落愈快，加速衝向地面。在火箭中也是這樣——我一放開小球，這顆小球就自由了，但是火箭在向上走，火箭的地板會加速衝向小球。在我看來，這完全等同於小球加速衝向地面。

一個是在加速向上的火箭裡，一個是站在地面靜止。牛頓會認為這完全是兩回事，因為運動狀態不一樣，受力情況也不一樣，在火箭中的你只受到火箭的推力，在靜止地面上的你同時受到地球的引力和地面的推力。

但是愛因斯坦說，我在火箭內部做實驗，明明觀察不到任何差別。

自由落體和沒有引力

再看一個想像實驗。

愛因斯坦想像實驗的原始版本是，想像你在一架電梯裡，電梯突然間失控，以自由落體的形式向下墜落，你想想，那是什麼感覺？

答案是你會感到「失重」。不過這個想像有點嚇人，我們換一個場景：太空站繞著地球在做圓周運動，其實它和墜落的電梯一樣，都是自由落體。只不過太空站有很高的水平速度，它不會真的掉下來。

自由落體運動中的物體處在失重狀態。太空人就是失重的，他們可以在太空站裡飄浮，他們如果把水滴放在空中，水滴不但不會落下，還會呈現一個完美的球形。

圖 8-1

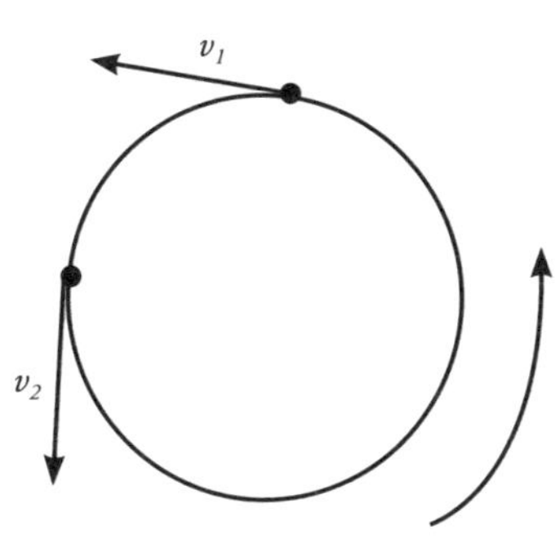

這使很多人誤解太空沒有引力。其實太空站四〇八公里的高度與地球平均六三七一公里的半徑相比不算什麼，太空的引力並不比地面低多少。太空人在太空之所以感覺不到引力，是因為他們是在做自由落體運動。

太空站繞著地球轉也好，電梯從高層掉落也好，它們都是自由落體，都會失重，也都是「加速度運動」。可別忘記了，速度不但有大小，而且有方向。圓周運動的速率可以不變，但是方向一直在變，它和等速直線運動有本質上的差別。（如圖 8-1）

於是，愛因斯坦又思考了這樣的一個問題：這種運動中的失重感，和我在一個遠離所有星球的地方，做一個完全不受外力影響的等速直線運動，兩者的感覺有什麼差別嗎？

牛頓會說當然有差！前者是引力作用下的加速度運動，後者是沒有外力時的等速直線運動。

但是愛因斯坦說，身處那樣的環境，不管做什麼實驗，都無法發現兩者的差異。

這就很有意思了。之所以沒差異，是因為這裡蘊含著一個你想不到，但是在物理學家看來極其怪異的事實。

巧合

先想想這個問題：為什麼自由落體明明是個加速度運動，愛因斯坦卻說它與等速直線運動沒差別呢？因為自由落體狀態中，所有物體的加速度都是一樣的。你可能還記得那個數字，加速度都是「$9.8m/s^2$」。

唯有這樣，當你在太空站中讓一個小球懸浮在空中的時候，它才會一直停留在你身邊，它會跟著你一起動。如果小球和你的加速度不一樣，你們兩個就會迅速分開，你就會察覺到那一刻並不是等速直線運動。

自由落體中所有物體的加速度之所以都一樣，是因為地球引力對所有物體「一視同仁」。

為什麼會一視同仁呢？你在高中學過物理後已經預設了一視同仁，現在由我換個講法，你就會發現其中的問題。

牛頓力學告訴我們，一個物體受到力，是它產生加速度的原因，$F=ma$（力等於質量乘以加速度）。受力帶來的加速度大小與這個物體的質量有關，我們先將這個質量稱為「慣性質量」。

而牛頓萬有引力公式，$F=GMm/r^2$（地球上 GM/r^2 相當於一個常數）又告訴我們，每個物體感受到的地球引力的大小，也與這個物體自身的質量成正比。這裡又有一個質量，我們先將這個質量稱為「引力質量」。

你是否想過，這兩個質量，為什麼是一樣的呢？換句話說，為什麼「慣性質量」等於「引力質量」呢？

這是一個完全合理的疑問。慣性質量決定了力怎麼給物體帶來加速度。任何形式的力都可以，電磁力帶來加速度也是用這個質量來計算，而這與「引力」並沒有什麼關係。

引力質量僅僅是引力的一個性質，它決定了一個物體受到的引力大小，也就是「重量」。

我們小時候總是默認質量就是重量，愈重的東西就愈不容易推動，其實它們是兩回事。比如一塊巨石的「重量」是向下的；而你是否能夠輕易推動它，是水平方向上的事。加速度可以是任何力在任何方向的結果，可引力只有一個方向，那這兩者為什麼一樣呢？

說到這裡，有一個相當經典的案例，就是著名的比薩斜塔實驗，伽利略證明了一輕一重的兩個鐵球從高處落下來是同時著地。也就是說，引力給它們的加速度完全一樣——引力，尊重鐵球的「慣性質量」。

伽利略當年用反證法論證了為什麼兩個鐵球必須同時著地。他說，如果愈重的物體落得愈快，那把一個輕的鐵球和一個重的鐵球黏在一起——一方面，輕的鐵球應該拖慢重的鐵球，兩個鐵球的墜落速度應該比重的鐵球慢一些；可是另一方面，這樣就得到了一個更重的大鐵球，應該會墜落得更快才對。這個矛盾表明，鐵球落下的速度應該與輕重無關。

伽利略這個論證其實站不住腳。因為他默認了引力給加速度的時候只看重量——或者說，引力給重量的時候只看它們的加速性能。

可是，引力憑什麼這麼做呢？好比電磁力的大小就完全是由物質的電荷決定的，與慣性質量無關。引力為什麼不是另有一個「引力荷」，為什麼非得根據慣性質量給加速度呢？引力若給銅球一個加速度，給鐵球另一個加速度，這也是可以的。

慣性質量恰巧等於引力質量的這件事，現代物理學家能給出的最好解釋是……純屬巧合。

物理學家在真空中精確測量過兩個鐵球是不是同時落地，在月球上也做過這個實驗，結果都是慣性質量精確地等於引力質量。我們不知道為什麼這個世界是這樣，但它就是這樣。

你馬上就能想到這和「光速不變」似乎很相像——你再想不通，也得接受。

愛因斯坦再次斷言

廣義相對論的出發點，是愛因斯坦的一個斷言——在任何局部實驗中，引力效應和加速效應無法區分。

這句話又叫「等效原理」，它就是在說「慣性質量等於引力質量」。愛因斯坦表示，別問為什麼了，這個世界就是這樣的。

在一個封閉的房間裡，你說你正站在地面享受引力，我可以說你其實是在一個加速度運動的火箭裡；你說你正在引力的作用下享受自由落體，我可以說你其實處在一個不受任何引力影響的等速直線運動狀態中。

愛因斯坦表示，只要這個房間的尺度不是特別大，你說的和我說的就沒有差別。

那麼，引力到底是個什麼東西呢？

站在地面上，你確實能感到引力的存在。可是只要你隨便進行一個自由落體運動，引力對你而言就不存在。

一個東西如果是真實的存在，它怎麼可能在靜止座標系下就有，在一個加速座標系下就沒有了呢？愛因斯坦可是認為物理定律不管在什麼座標系下都必須一樣。

我們的結論只能是——引力這個東西，其實是個幻覺。

或者說得嚴格一點：在局部，引力根本就不存在；在大尺度範圍裡，引力根本就不是力。正如鯨魚不是魚。

那引力到底是什麼？只有愛因斯坦能提出這樣的問題，也只有愛因斯坦能回答這個問題。

我們下一章再說。

問與答

讀者提問：

如果引力不是力，那為什麼還有所謂的電磁力、強作用力、弱作用力、引力這四種基本力呢？還要尋找所謂的大一統理論將它們統一呢？

讀者提問：

如果引力是個幻覺，那可以說物理學的四個基本交互作用：強力、弱力、電磁力、引力也都是幻覺嗎？

讀者提問：

廣義相對論和M理論（M-theory）[12]相比，哪個更勝一籌？

A 萬維鋼：廣義相對論認為引力並不是一種「力」，但這只是廣義相對論的看法。如果有一個物理學家非要認為引力也是一種力，那的確，從邏輯上來說，引力應該和其他三種力統一起來。

現在的情況是其他三種力已經被統一起來了，這個理論叫「大一統理論」（Grand Unification Theory，簡稱ＧＵＴ），而其中不包括引力。

直觀地說，電磁力、強相互作用、弱相互作用這三種力，都可以用某種粒子的「交換」來解釋。

宏觀下，我們會說電磁場，但是在微觀下，你可以說電子和質子之間的電磁力，其實是透過它們互相交換「光子」來實現的。有一個光子，從這邊跑到了那邊，傳遞了這個力。

類似的，強相互作用有「膠子」，弱相互作用有「W玻色子」和「Z玻色子」負責傳遞。這些負責傳遞力的粒子是客觀存在的，在實驗中都可以被發現。不管在哪個座標系下，它們都在那裡。

宏觀下，電磁場也是客觀存在的，不管在什麼座標系下，電磁場只會變化，不會消失。引力卻可以在加速座標系下消失。

引力與那三種相互作用是真的不一樣。

物理學家曾經試圖用「引力子」來解釋引力的傳遞。從數學上來說，這涉及把重力場「量子化」——這是一套數學方法，但這個方法只在引力比較弱的時候才適用。所以引力子在理論上可能是不存在的，更不用說沒有任何實驗證據表明有引力子的存在。

所以那三種相互作用真不是幻覺，引力可以是幻覺。

既然引力可以不是力，為什麼還要追求一個「統一理論」呢？這是因為廣義相對論和量子力學之門存在著根本性的矛盾。廣義相對論認為時空是連續可分的，是實數的；量子力學卻認為時空存在一個最小的尺度，也就是「普朗克長度」和「普朗克時間」。時空應該是有理數的，甚至你願意的話，可以用整數來描寫。

M理論是統一量子力學和引力的一種嘗試。在數學上，目前看來它似乎是可行的。但是M理論還談不到能與廣義相對論抗衡的程度——廣義相對論已經得到了千錘百煉的觀測驗證，而M理論還沒有任何實驗驗證。可以說M理論是數學家的一個遊戲。

讀者提問：相對論中的斷言等同基本假設（光速不變，在局部的引力和加速度運動無法區分），這些只能接受而不能問為什麼的結論，它們會不會是一個更大的理論，在某種情況下的近似結果呢？如果有一天，我們有了一個解釋能力更強的理論，能不能把相對論也納入其中呢？

萬維鋼：從邏輯來說，我們最希望能有一個「終極的理論」，它的基本假設是如此簡單，以致無庸置疑，能從中推導出一切物理定律，並能夠回答一切「為什麼」，這樣我們就能獲得內心的安定。這也正是所謂「第一原理」的思路。

但目前來說，物理學未來的圖景將不會是這樣。宇宙中的主要物質是一百多種原子，而原子又由質子、中子、電子組成。再深入一步，可以說質子、中子都是夸克組成的。這樣說來，宇宙的最主要構成成分，也不過就是六種夸克、六種輕子和四種基本的力——按物理學家的說法稱為四種「相互作用」，包括引力、電磁相互作用、強相互作用和弱相互作用。

現在物理學家有一個非常厲害的理論，叫「標準模型」，能夠把前述所說的這些東西——除了引力之外——都描寫清楚，而且無比精確。當然，還有一些事情是標準模型解釋不了的，比如說暗物質[13]和暗能量[14]。而且標準模型中有十九個自由的參數，這些參數並不是理論計算出來的，似乎沒有什麼道理約束它們必須如此，它們都是被實驗測定出來的。物理學家不知道為什麼這些參數恰好是這樣的數值。所以，現實是我們這個宇宙的物理學中包含至少十九個參數，是沒有辦法從第一原理出發進行解釋的。

這也就是說，我們不但不知道光速為什麼不變，也不知道質子為什麼不衰變，更不知道精細結構常數為什麼是一百三十七分之一。

物理學家對此最好的答案是，根據M理論，我們這個宇宙的參數只不過恰好是這樣。

M理論允許很多種不同的參數組合，理論上存在著無數個不同參數的宇宙。也許有的宇宙裡光速可以變，有的宇宙裡精細結構常數等於三十五，有的宇宙裡沒有穩定的質子。我們只不過恰好生活在這個宇宙裡。

這就好比，你可能想問，為什麼我們都說中文呢？是不是因為中文是宇宙中最美麗的語言？是不是有一個統一理論能推導出來，人這個物種一定是說中文的？答案是別的語言也有人說，我們只不過恰好生在說中文的地方，於是就說了中文。

我認為這個解釋也能提供內心平安。

讀者提問：

總是聽到「想像實驗」這個詞，它到底和物理實驗有哪些差別？是不是現有的物理實驗不具備相對論的驗證條件？愛因斯坦只能透過數學和邏輯在腦海中推導出這些結論？

萬維鋼：

有些想像實驗確實不方便真做，只能在腦子裡想一想。但是我們使用想像實驗的根本原因，在於人們對實驗結果不會有任何質疑——我們都知道實驗結果會是那樣的，現在爭論的焦點在於怎麼解讀這個結果。

太空船也好，電梯也好，我們這麼一說你就能明白，沒必要真的花錢進行一個實驗。物理學家對於實驗會發生什麼結果很有信心。

哲學家一般沒有做實驗的科學研究經費，所以尤其喜愛想像實驗。比如他們特別喜歡設想這樣的場景——五個孩子正在鐵軌上玩耍，與此同時，一輛火車正奔馳而來，眼看再過不久就要撞到孩子們。駛至孩子玩耍處之前，火車將先經過一座天橋的下方，這時天橋上剛好坐著一個胖子。請問你願不願意把胖子推下橋阻擋火車，用他一個人的命換五個孩子的命呢？

這種實驗就只能在思想中進行。

不過，哲學家要小心，這畢竟不是物理學。做想像實驗的時候，很多受試者都說他們會推胖子。可是後來有人在實驗室真把這個場景模擬出來了——當然不是用人，用的是小兔子。

結果面對鮮活的生命，那些受試者手軟了。

第九章

大尺度的美

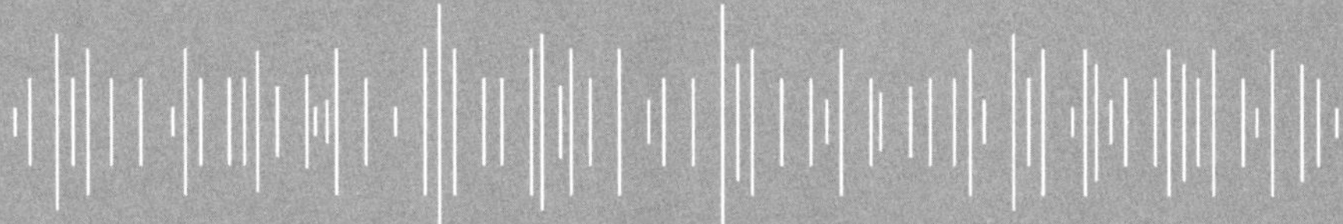

牛頓萬有引力公式就像是個完美的球體，
而廣義相對論則像是一頭美麗的鯨魚。
你不見得非知道鯨魚身上每一處結構的精確尺寸不可，
但是你可以欣賞鯨魚的美。

廣義相對論的數學非常難。連愛因斯坦都覺得自己的數學知識不夠用，後來是在數學家的幫助下使用微分幾何的知識，才得到最終的重力場方程式——

$$G_{\mu\nu} \equiv R_{\mu\nu} - \frac{1}{2} R g_{\mu\nu} = \frac{8\pi G}{c^4} T_{\mu\nu}$$

你可以把它與中學的牛頓萬有引力公式進行對比——

$$F = G\frac{Mm}{r^2}$$

打個直觀的比方，牛頓萬有引力公式就像是個完美的球體，而廣義相對論則像是一頭美麗的鯨魚。你不見得非知道鯨魚身上每一處結構的精確尺寸不可，沒必要學會怎麼畫鯨魚，但是你可以欣賞鯨魚的美。

為了理解廣義相對論，我們先說一點無比簡單，但是不會在大考中出現的幾何學。

圖 9-1

彎曲的幾何

這一項關鍵概念是——時空可以是彎曲的。什麼是「時空」的彎曲呢？不用數學語言很難精確描述，我們可以做個類比。

一張放在桌子上的紙，可以代表一個平面。只要它足夠平，我們在中學時學的平面幾何知識就都適用。我們清楚地知道什麼是直線。兩條平行線永遠都不會相交，三角形內角之和等於一百八十度。

桌子上又擺了一個地球儀，請問這個地球儀的表面是平面的，還是立體的呢？（如圖 9-1）

根據你直觀的感覺，它可能是立體的，

因為只有三維空間裡才有地球儀……但是數學家可不這麼看，他們考慮的僅僅是地球儀的表面。一隻螞蟻在上面爬，它永遠也不能離開這個表面。只需要一個經度、一個緯度，兩個數字就能描述螞蟻在地球儀上的位置——所以球的表面，其實是一個二維的平面。

它只是不那麼「平」而已，它是一個彎曲的平面。

我們生活的這個世界的空間是三維的，如果把時間也算成一維，就總共是四維時空。廣義相對論並不要求更高的維度，廣義相對論只是說，這個四維時空，可以是彎曲的。你可能聽說過「超弦理論」，該理論認為總共有多達十一維的時空，其實那些多出來的「維」都是蜷縮著的，不能算數。

有些科幻小說作家認為四維時空不過癮，非要給宇宙增加幾維，還要搞「降維打擊」，那些沒什麼意思。物理學家早就知道，如果空間大於三維，其中行星繞著恆星公轉的軌道就會是不穩定的，也就無法演化出智慧生物來。

那怎麼理解四維時空的彎曲呢？我們可以用彎曲的平面進行類比，但是請記住，彎曲的不僅僅是空間，還有時間。

圖 9-2[15]

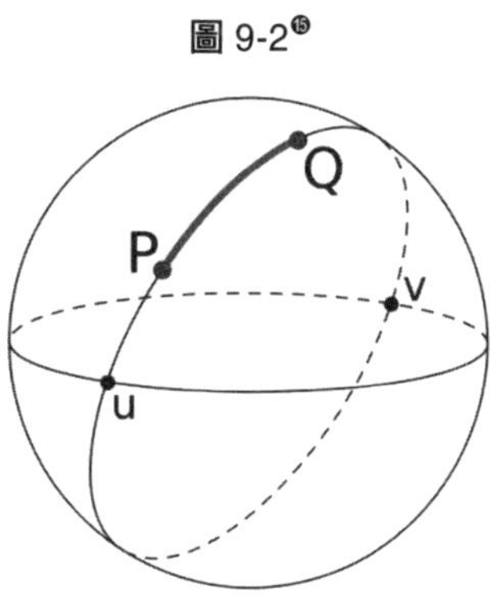

哪怕是基於彎曲的平面，數學家也可以談論「直線」——當然沒有完全直的直線，但是可以有「最直的線」。比如地球表面是個球面，從北京去紐約，雖然不可能建造一條地下隧道走絕對的直線，但是仍然存在一條球面上最短的線路，不是拐來拐去那種。

對球面來說，兩點之間最短的線路是走「大圓」，也就是圓心正好是球心的那個圓。（如圖9-2）

在圖9-2中，P與Q兩點之間最直的線，就是大圓的一段。

哪怕不是球面，各種複雜曲面上也都有這種「最直的線」，當然，它們就不一定是在大圓上了，我們統稱為「測地線」。（如圖

圖 9-3

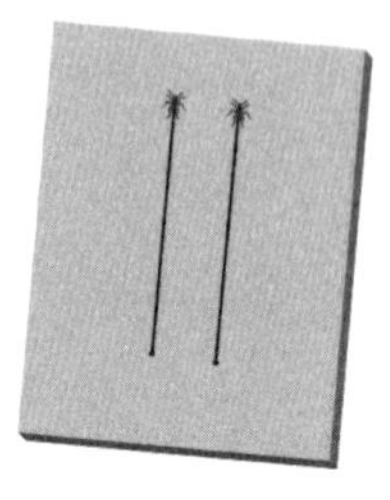

零曲率

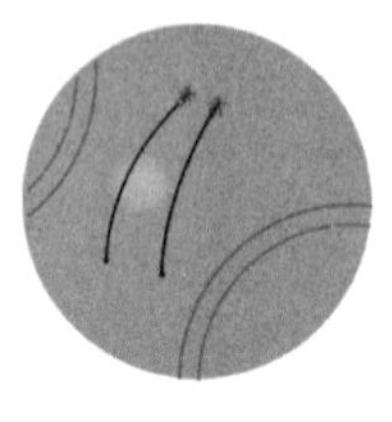

正曲率

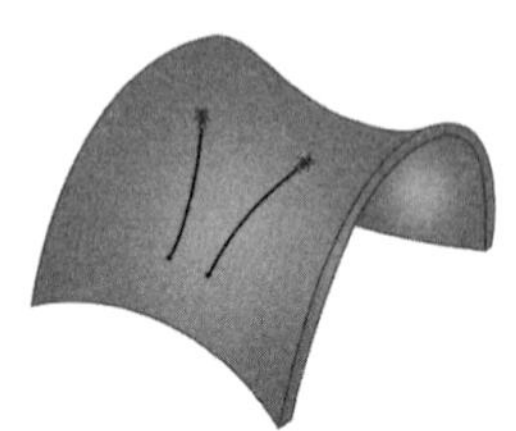

負曲率

9-3）

提出「黎曼猜想」的數學家黎曼（Bernhard Riemann）早在一八五四年就已經把複雜曲面的這些數學研究出來了，我們現在稱之為「黎曼幾何」。

黎曼幾何是彎曲空間中的幾何學，也是廣義相對論的數學基礎。

在黎曼幾何中，兩條「平行」的測地線既可以相交，也可以愈分愈遠；而三角形的內角之和既可以大於一百八十度，也可以小於一百八十度。

這些基本，是理解廣義相對論所需要的數學知識。

圖 9-4

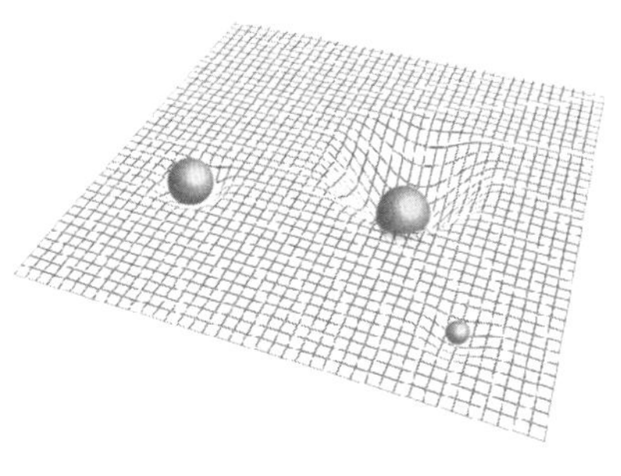

廣義相對論的基本

廣義相對論，簡單地說就是兩點。

第一，一個有質量的物質，會彎曲它周圍的時空。這是「物質告訴時空如何彎曲」。

第二，在不受外力的情況下，一個物體總是沿著時空中的測地線運動。這是「時空告訴物質如何運動」。

這裡根本沒有引力的事，根本不需要引力。

這個畫面是這樣的。你可以將時空想像成一張彈簧床，本來彈簧床是平的，往上面放幾顆球，彈簧床上有球的地方周圍就變成彎曲的了——這幾顆球，彎曲了各自周圍的時空。（如圖9-4）

圖 9-5

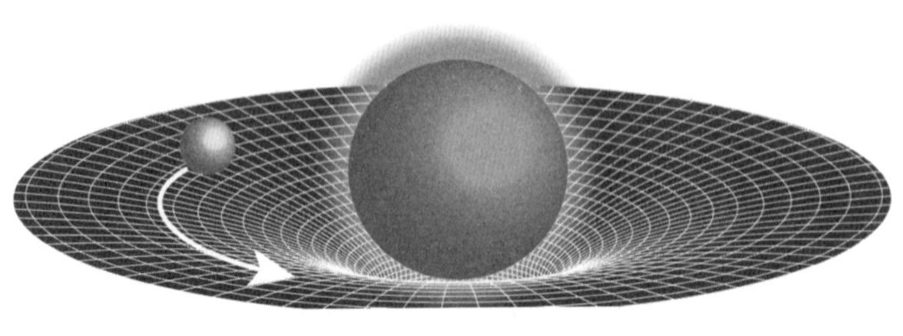

地球為什麼繞著太陽轉？牛頓認為那是因為太陽對地球有引力。但是廣義相對論認為，地球根本不知道太陽在哪裡，只是太陽把時空彎曲得比較厲害，地球是根據自己所在時空的測地線運動而已。就好像彈簧床上的小球可以繞著大球滾動，而你知道大球並沒有吸引小球，那只是因為彈簧床上大球的周圍有凹陷。（如圖 9-5）

同樣的時空，每個物體的速度不一樣，它們遵循的測地線也不一樣。有的物體會直接掉向太陽，有的會繞著太陽做橢圓運動，有的與太陽擦肩而過，這些都只不過是物體在沿著自己的測地線運動而已。（如圖 9-6）

當然，每個有質量的物體在彎曲時空當中運動的同時，也是在彎曲著自己周圍的時空，只是

圖 9-6

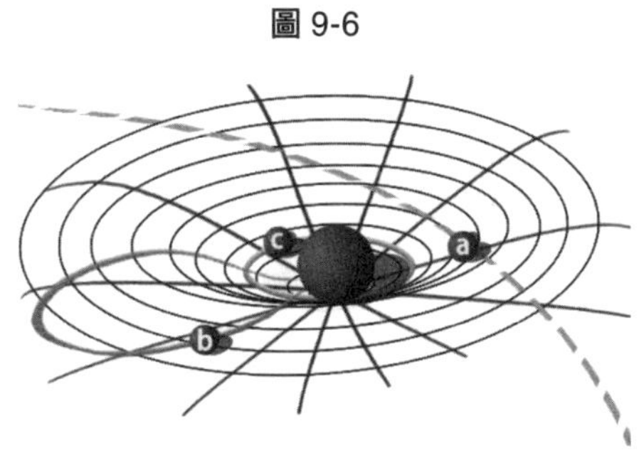

彎曲的程度不同。時空的形狀由這些物質共同決定，而所有物質都會沿著自己周圍時空的測地線運動。

用彈簧床打比方是不得已而為之，物質彎曲時空並不是如同小球在彈簧床上往下「壓」的結果，而是自然地彎曲周圍所有方向上的時空，所造成的結果。而且請注意，被彎曲的不僅僅是空間，還有時間，只是這部分，我們留到後面的章節再細說。

在這裡，我還要澄清一點。你也許會有這樣的疑問：既然高速運動物體的質量會增加，那多出來的質量是不是也會彎曲空間呢？答案是不會。廣義相對論裡說的「物質彎曲了空間」，可以理解成是物質的「靜止質量」在彎曲空間，靜止質量是所有座標系都同意的不變數。時空的內在幾何形狀是絕對的，但是時空在不同的座標系中被看成了不同的樣子。

廣義相對論就是這麼簡單。

自然運動狀態

愛因斯坦再一次看破了紅塵。什麼是引力？可以說根本沒有引力，有的只是時空的彎曲。

或者也可以說，所謂引力，就是在大尺度下才能看出來的、時空的彎曲。鯨魚的身體是曲線型的，但是如果近距離看，它身上每個地方都近似一塊很平的小平面。局部的測地線就是很直很直的直線，這就是為什麼我們上一章說「局部沒有引力」。

講到這裡，我們要重新定義「自然運動狀態」這個概念。所謂自然運動，就是在沒有任何外力干擾的情況下，一個物體自由自在的狀態。

亞里斯多德（Aristotle）認為自然的運動狀態是靜止。這符合我們的生活經驗——沒有外力干擾的東西好像都是靜止不動的。

後來，伽利略和牛頓說這不對，力並不是讓物體運動的原因，力其實是改變物體運動狀態的原因。一個物體在光滑的平面上滑動，如果沒有任何摩擦力干擾，它就會一直這樣運動下去。所以等速直線運動和靜止沒有差別，它們都是自然運動。

而現在，愛因斯坦表示，一切沿著測地線的運動，都是自然運動。

可以想像太空中有一個周圍非常空曠、沒有任何星體的地方，這裡的時空是平直的，測地線是完美的直線，所以物體沿著測地線運動，正好就是等速直線運動。

如果時空是彎曲的，太空人就會繞著地球轉，而失控的電梯就會直接掉下去，這兩個運動看似不同，但其實都是自由落體運動，它們謹守本分地沿著自己的測地線運動。所以它們雖然有加速度，仍然是自然運動。

自由落體運動、等速直線運動，以及靜止，它們沒有本質上的差別。你在一個封閉的實驗室裡不管做什麼實驗，都沒有辦法區分它們。愛因斯坦表示它們是同一回事，都是沿著測地線運動，都是自然運動。

反過來說，你站在地面不動，站一會兒就累了，這其實是一種不自然的運動。你本來想沿著測地線往下掉，可是地板阻止了你。想要體驗真正的自由，你應該做自由落體運動。

為什麼引力質量正好等於慣性質量，為什麼一輕一重兩個鐵球會同時著地？現在，廣義相對論給這個巧合提供了一個解釋——因為只要質量沒有大到能與地球相提並論、足以顯著影響周圍時空的形狀的程度，測地線就只和物體的初始速度有關，與質量無關！

回頭再看上一章中講的兩個想像實驗。不管你是在加速的火箭上，還是站在地面不動，都有一個外力在阻止你沿著測地線走，所以它們是一樣的。

無論是在地球附近自由落體，還是在太空中空曠、沒有任何星體的地方做等速直線運動，都是沿著該地測地線的自然運動，所以它們也是一樣的。

只要你接受時空尺寸是相對的，你就能接受狹義相對論；只要你接受時空可以彎曲，你就能接受廣義相對論。接受了時空的這兩個性質，光速為什麼不變、慣性質量為什麼等於引力質量、引力到底是不是真實的存在……這些問題就不用再糾結了。

所以，相對論是個簡單理論，它只是相當深刻；其實我覺得廣義相對論比狹義相對論還容易理解，它只是美麗非常。

也許下次看見鯨魚的時候，你可以想起廣義相對論。

第十章

愛因斯坦不可能這麼幸運

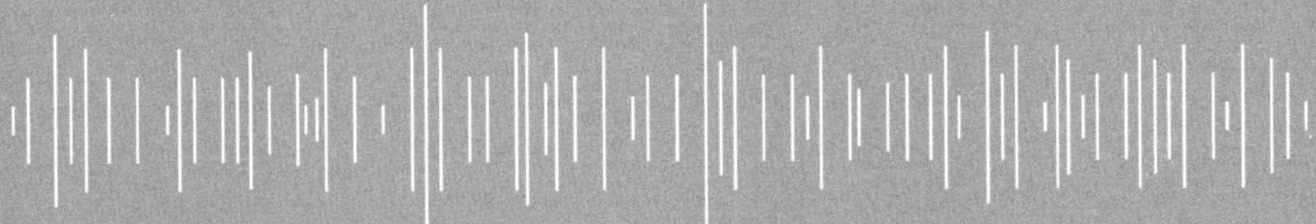

回望相對論的歷史，

你可能會感嘆：「愛因斯坦不可能這麼幸運！」

但是別忘了，幸運是這個宇宙的通行證。

美國物理學家約翰・惠勒（John Wheeler）是費曼的博士導師，他也是「黑洞」這個概念的提出者。惠勒對量子力學曾有這樣一個評論——我們接觸量子力學的感覺，就好像是一個從偏遠地區來的人第一次看見汽車。他會覺得汽車這個東西顯然有用，而且一定有重要的用處，可到底是什麼用處呢？

我猜你第一次聽說廣義相對論，也會有同樣的感覺。廣義相對論的思想與牛頓萬有引力公式是如此不同，這個理論是如此精妙，它肯定有深刻的內涵，可到底是什麼內涵呢？就算你要登陸火星，牛頓力學也足夠精確了。

愛因斯坦在一九一五年發表了廣義相對論。這時候物理學家們已經普遍承認相對論的價值，但是愛因斯坦在公眾眼中並沒有什麼聲望。愛因斯坦就好像是一個網路圈的創業者，每一個了解他的人都承認他的想法是顛覆性的，能夠「改變世界」，但是沒有人知道他的公司應該有多大的估值，他還從未在市場上賺到過錢。

不過愛因斯坦不用等太久。一九一六年，愛因斯坦提出三件事能證明廣義相對論是對的，牛頓力學是不那麼對的。我們先說其中兩件。

圖 10-1

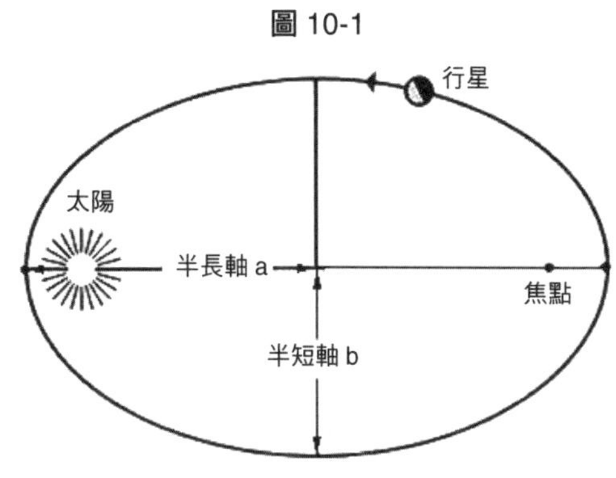

水星進動

我們知道行星都在繞著太陽公轉。如果你還記得高中物理，應該知道行星公轉的軌道通常不是標準的圓形，而是橢圓形。橢圓有一個長軸和一個短軸，太陽在橢圓的一個焦點上。行星們就這麼兢兢業業、年復一年地沿著自己的橢圓軌道運動。（如圖 10-1）

牛頓力學告訴我們，相對於太陽，這些橢圓軌道的位置是固定的。

按天文的標準，太陽的質量不算太大，整個太陽系內部的引力都不算太強。而只要引力不是特別強，廣義相對論的計算結果和牛頓萬有引力公式都高度吻合，也一樣是橢

圖 10-2

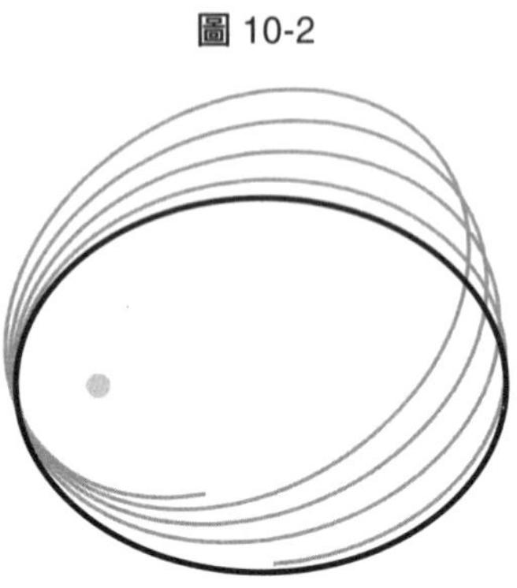

圓軌道。但是，廣義相對論還有一個很微妙的性質——其計算出來的橢圓軌道，並非真正閉合。

這也就是說，行星公轉一圈之後並不是恰好回到原來的出發點，會有一個微小的偏移。具體地表現出來，這個橢圓軌道並不是完全固定的，每一圈都與前一圈有個微小的差別。橢圓的長軸會有一道緩慢的轉動，物理學家稱之為「進動」。

在圖 10-2 中，最下面一個黑色橢圓代表牛頓力學計算出的行星軌道，其他的灰線代表有進動的行星軌道。

只是行星軌道的進動通常都極小，幾乎無法觀測。

不過，天文學家早在一八五九年就觀測到，太陽系裡距離太陽最近的行星水星，一直都有一個進動。

十九世紀的天文學家已經盡可能地解釋了水星的進動。因為水星附近還有其他行星，比如金星和地球，這些行星對水星也有引力，會干擾水星的軌道。天文學家精確計算了這些干擾，最後只剩下一點點進動，可以說是牛頓力學無法解釋的。

這「一點點」有多大呢？是每一百年進動四十三弧秒。

這是什麼概念？我們知道圓周有三百六十度，一度分為六十弧分，一弧分又分為六十弧秒。一百年年四十三弧秒，這是一個幾乎無法察覺到的差距。但是天文學家對自己的計算非常有把握，他們認定，這四十三弧秒的進動需要一個解釋。

一九一六年，愛因斯坦進行了一次計算，最終得出，因為廣義相對論效應導致水星軌道的進動，正好是每一百年四十三弧秒！

光線彎曲

水星進動這個證據雖然確實，但是大多數人普遍不易理解。而愛因斯坦提出的第二個證據，就非常直觀了。

廣義相對論表示時空可以是彎曲的，一切物體都要沿著時空中的測地線走——一切物體，其中就包括了光。如果這個地方的測地線是彎曲的，那麼光線也會是彎曲的。如果這裡有一個大質量的星球，那麼遠方的星光經過這個星球附近的時候，就可能發生偏折。

這件事在牛頓力學中可是絕對不存在的，人們一直都認為光在真空中永遠走直線。

不過如果把牛頓萬有引力公式和狹義相對論放在一起，其實也能預言光線的彎曲。狹義相對論說質量就是能量，反過來也可以說能量就是質量。光沒有靜止質量，但是有能量——如果我們強行用光子的能量除以c^2，也會得到一個光子的「運動質量」，就好像是一個有質量的物體。

既然有質量，就應該能感受到引力，牛頓的萬有引力理論就足以給它一個偏轉——如彗星掠過地球一樣。

這麼說的話，廣義相對論還有什麼用呢？所幸，廣義相對論預言的光線偏轉，是牛頓萬有引力加上狹義相對論預言結果的兩倍！

這樣一來，我們就有了三個直截了當的說法。

第一，牛頓力學——光永遠走直線。

第二，牛頓萬有引力公式加上狹義相對論——光線會被偏轉，但偏轉的程度較小。

第三，廣義相對論——光線會被偏轉，而且偏轉的程度較大。

現在只差一個觀測驗證，就可以證明廣義相對論的正確性。可是去哪裡找能讓光線明顯偏轉的大質量的星球呢？月亮雖然經常與星星在一起，但是月亮的引力太小，偏轉星光的效應看不出來；太陽系之外，其他大質量的星球都距離我們太遠。當時天文學家唯一能指望的就是太陽。

比如從地球往太陽的方向看，太陽的背後有一顆星，它到地球的星光如果

圖 10-3

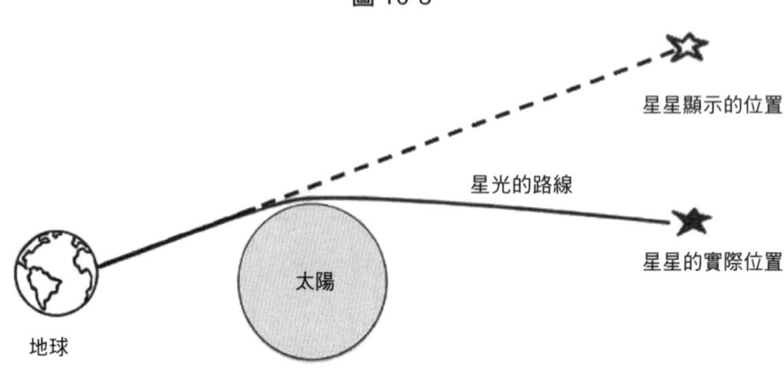

走直線的話，會被太陽擋住，導致我們根本看不到這顆星。但是因為相對論效應，如果星光有一個偏轉，那我們就能看見這顆星，不就能證明相對論的正確性了嗎？

這個思路好是好，可問題在於太陽實在太亮，它周圍的星光都被掩蓋了。因此，天文學家想到了一個極端的情況——日全食。

日全食的時候，月亮會擋住太陽光，使我們能看見太陽周圍的星光。如果事先算一算這時有哪些星星應該在太陽背後，我們本來應該看不見，結果卻在太陽周圍看見它們了，這不就說明太陽彎曲了星光的路線嗎？（如圖10-3）

愛因斯坦在一九一六年計算出光線彎曲

的正確結果，一九一九年五月二十九日，就有一次日全食。那時，第一次世界大戰剛結束不久，英國的天文學家愛丁頓（Arthur Eddington）為了驗證廣義相對論，說服英國政府給了一筆經費，組織了兩個觀測團隊，一隊去巴西，一隊去非洲專門觀測這次日全食。

結果，愛丁頓的團隊就真的看到了原本不該出現在太陽周圍的幾顆星。

愛丁頓在皇家科學院宣讀了觀測結果，證明廣義相對論是正確的。英國《泰晤士報》的報導寫下一個全版標題，〈科學革命——關於宇宙的新理論——牛頓思想被推翻！〉（Revolution in Science, New Theory of the Universe, Newtonian Ideas Overthrown）。

愛因斯坦一夜成名。

愛因斯坦的運氣

現在考察廣義相對論被世界所接受的這段歷史，不得不承認愛因斯坦的運氣實在是太好了。

首先是這次日全食。愛因斯坦的計算結果發表不過三年，就趕上了日全食。我特地查了一下，地球上次回能見到日全食的時間，得等到一九三七年六月八日。要是愛因斯坦動作稍慢一點，或者愛丁頓未能促成這次觀測，相對論說不定就得再等十八年才能被人接受。

其次，這一次日全食發生的時候，太陽周圍正好是畢宿星團的星星——這個星團特別亮。再等下一次，就沒有這麼強的星光讓人容易觀測到了。

再次，更巧的是，愛丁頓選擇的這兩個觀測地點，在日全食發生前後都是陰雨天氣。巴西當天早上還是多雲，就在日全食發生的前一分鐘，天空中太陽那個位置的雲居然散開，給了天文學家一小片晴天。非洲的觀測地點也有雲，並且也是恰好在日全食期間，讓太陽露出來一下子。

愛因斯坦要是個中國人，他也許會說一句：「天助我也。」

最後，除了天時、地利之外，人和也很重要。如果愛因斯坦是個注重聲望的人，他除了感謝愛丁頓，還應該感謝《泰晤士報》。「牛頓思想被推翻」這個標題直接把愛因斯坦送上牛頓之後最偉大科學家的位置。其他報紙報導這次科學發現，說不定只會將「光線可以被引力彎曲」作為標題。

我曾聽過後來的人分析，愛因斯坦之所以能在短時間內從「世界上最了不起的物理學家」變成「世界偉人」，與他一九二一年訪問美國的旅程關係很大。美國媒體和美國老百姓都非常喜歡愛因斯坦，不過那時候，他們並不怎麼了解一般的科學家都是什麼樣的。

無論如何，愛因斯坦當然配得上這些幸運和榮譽。但我還是想說，愛因斯坦最大的幸運，是他生在那個時代的歐洲。

天文學家之所以能在一八五六年（對照一下，那是清朝咸豐六年）發現水星進動，是使用了從一六九七年（清朝康熙三十六年）到一八四八年，約一百五十年間的水星活動記錄。這個發現非常不容易，要知道水星的軌道幾乎就是一個圓形，並不怎麼「橢圓」，那些古代的天文學家首先要準確判斷這個橢圓的長軸在哪裡，還要記錄這個長軸的變化。

然後，他們還能精確計算金星和地球引力對水星軌道的影響，最後得出一個非常微小，但是無比堅定的，與牛頓力學的差異。要知道，那時候可沒有什麼電腦。

回望相對論的歷史，你可能會感嘆：「愛因斯坦不可能這麼幸運！」但是別忘了，幸運是這個宇宙的通行證。

現在，廣義相對論既然被接受了，接下來，我們不管講到它的什麼離奇推論，你都得接受。

問與答

Q **讀者提問：**

想了解「重力透鏡」造成的多重影像問題。我的主要疑問是：既然費馬原理要求光「走最短路線」，為什麼當四個光一起走時，還會出現「快光」和

「慢光」呢？

萬維鋼：重力透鏡是個非常有意思的現象，而且現在是天文學家觀測宇宙的一個常規的工具。在正文中沒有來得及講，在這裡正好講一下。

我們知道廣義相對論認為大質量天體會彎曲它周圍的時空，包括光從它附近所走的路徑——也就是測地線——也會被彎曲。這就是為什麼發生日全食的時候，我們能看到實際上是處在太陽背後的星星。

但是太陽的質量還不夠大，它對星光的彎曲還不夠厲害。使用哈伯太空望遠鏡這種天文物理學級別的裝備，天文學家可以看到更壯麗的光線彎曲。

太陽只是一顆不算太大的恆星。宇宙的大尺度結構是百億、千億個恆星組成星系，星系們又組成星系團。在特別遙遠的尺度上看，一個星系就好像一顆恆星一樣，有一個統一的重力場，能彎曲星系周圍的時空。

比如，距離地球很遠的地方有個巨大的星系或者星系團，我們稱它為A星系。相對於地球，這個A星系背後的一個更遠處的星系，我們稱它為B星系。

B星系所發出的光，可能被前面A星系彎曲之後，傳到地球。我們會在A星系旁邊看到B星系的光。而因為A星系把周圍時空彎曲得太厲害了，我們看到的並不是B星系傳來的一束光，而是從圍繞A星系的各個方向分別傳來的幾束光。

在最理想的情況下，如果A星系是個完美的球形，B星系又恰好在A星系背後正中間的位置，我們看到的將是B星系的光形成了一個圍繞著A星系的圓環，這個圓環叫「愛因斯坦環」（Einstein ring）。

當然，一般不會這麼巧合，A星系的形狀可能不規則，B星系的位置可能不在A星系的正中央，但是我們仍然能看到好幾束來自B星系的光。有時候，B星系的光在橫向形成一個圓弧形。更常見的是比較短的「拉伸」，它們都是廣義相對論的光線彎曲效應。

還有一種有意思的情況叫「愛因斯坦十字」（Einstein cross），這指的是遠方一個極亮的星星──叫「類星體」──發出的光，被中間隔著的一個星系彎曲，到達地球。因為星系不規則的形狀和這個類星體的位置，我們看到的是圍繞星系有這個類星體的四個圖像，形成一個十字形。這些現象都叫「重力透鏡效應」。重力透鏡是廣義相對論送給天文學家的禮物。遠方的星體和星系透過透鏡成像，就好像有個望遠鏡一樣，讓我們能夠把它們看得更清楚。

透過光線彎曲的不同情況，天文學家可以了解中間那個星系的資訊。比如如果這個星系的可見物質只有這麼多，可是它把光線彎曲得特別厲害，那麼，我們就可以推測，這個星系中存在大量的暗物質。

現在回到問題。為什麼遠方星體會有好幾束光分別到達地球，為什麼不是只走最短的路線呢？答案是每一束光走的都是最短的路線，並且是它所在地最短的路線。比如一個類星體的光既會到達中間那個星系的左邊，也會到達那個星系的右邊、上緣和下緣，這幾束光已經分開了，只不過因為星系空間的彎曲，被再次匯聚到了地球這裡。這是實實在在的幾條路線。這種情況和用放大鏡匯聚太陽光完全一樣，不同路線的光線會匯聚到一起。

而對比之下，數學家費馬（Pierre de Fermat）所說的「走最短路線」，是在所有可能的路線——而非實實在在已經發生的路線——之中走了最短的一條。這種比較屬於數學上的比較，讓人感覺光好像有思想一樣，先都走一遍看看哪個路線最短，然後不走別的，只走最短的。但那只是一個「相當於」而已，是數學上虛擬的比較。我們可以把費馬原則理解成——光在臨近的路徑之中選擇了測地線。

重力透鏡則是光在中間星系周圍的每個鄰近區域都有一條該地的測地線，這些測地線的長短不一，光走過這些測地線分別到達地球。

還有一個有意思的問題是，為什麼我們在日食的時候只看到太陽彎曲的一束星光，而不是愛因斯坦環和愛因斯坦十字呢？答案是因為太陽離我們太近了！換個地方彎曲，光線就會相差很遠，在地球上就看不到了。重力透鏡要求中間星系差不多要處在遠方星體和地球位置的中間才行。

第十一章

黑洞邊上的詩意

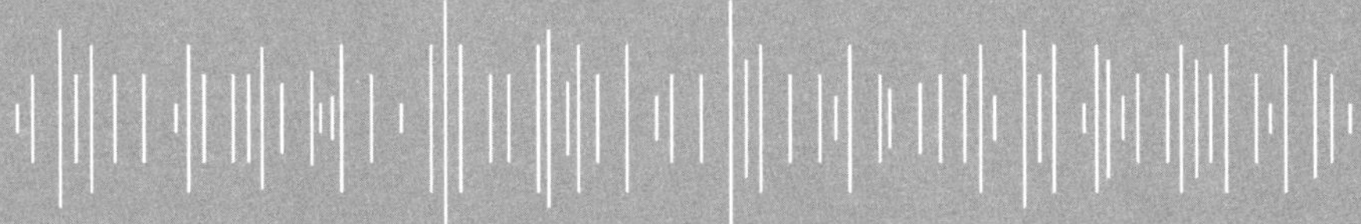

繞著黑洞轉幾圈，不會感到任何不適。

但是因為黑洞本身的重力場太強，

把時空彎曲得太厲害，

所以你轉的這幾圈，可能我已經老死，

而你歸來仍是少年。

每隔四年就會產生一個「世界盃」足球賽冠軍和一大堆奧運會金牌，每年都會有十幾個人獲得諾貝爾獎。而有些英雄壯舉，在人類文明的歷史上只可能發生一次。

一六一〇年，也就是明朝萬曆三十八年，伽利略用六個星期寫成了一本書，叫《星際信使》（*The Sidereal Messenger*）。這本書介紹了伽利略用世界上第一架望遠鏡看到的東西。他告訴人們，天上有無數顆距離地球很遠的恆星、月球上有山、木星有自己的衛星、金星有相位、太陽有黑子——這些證據表明太陽可能只是一顆普通的恆星，我們看到的行星都是繞著太陽轉的。

而當時的人都以為一切天體都是繞著地球轉的光滑球體。要論一本書改變人的宇宙觀，沒有哪一本能超過《星際信使》。

廣義相對論在一九一九年後很快就成了天文學家的常規工具。它比望遠鏡複雜得多，帶來的天文發現是一個一個慢慢冒出來的。

而廣義相對論告訴我們關於這個宇宙的消息，也像《星際信使》一樣令人震撼。比如，黑洞。

黑洞有什麼神奇之處呢？我們會從廣義相對論最基本的假設出發，一步一步推導出一個讓人不敢想像，但又充滿詩意的情境。

紅移和藍移

廣義相對論中也有時間膨脹效應。空間彎曲得厲害，也就是重力場強的地方，其時間會比重力場弱的地方慢一些。用老百姓的話來說，就是高處的時間會比地面上的時間快一些。

要想理解這一點，首先得要知道物理學中有一個現象叫「都卜勒效應」。這個效應是指：一個波如果是向你而來的，因為波相對於你的每一個週期都變短了一點，它的頻率就會提高；如果它是離你而去的，頻率就會降低。比如一輛火車向你駛來，你聽它的汽笛聲會更尖銳一些；火車離你而去，汽笛聲就會變低沉。

光波也是這樣。我們現在知道光的速度是不變的——但是光的頻率可以變。如果發光點在正向你而來，光的頻率就顯得更高一些，你看到的光的顏色會變得更「藍」一點，這叫「藍移」。而如果發光點正在離你而去，光的頻率就會變低，表現在顏色上會偏「紅」，稱為「紅移」。

天文學家正是透過紅移和藍移，來判斷宇宙中哪些星星是離地球而去，哪些正朝著地球飛來。

這讓我想起一個物理學家喜歡的冷笑話：美國物理學會曾經做了一個紅色的汽車保險桿貼紙，上面寫著：「如果你發現這張貼紙是藍色的，那你就開得太快了。」

總而言之，你可以透過光的顏色變化，來判斷光源和你之間的相對速度關係。接下來的推理過程非常有意思，我們來說一說愛因斯坦的精妙思想。

重力紅移

先回到第八章，我們提到在自由落體電梯裡的想像實驗。我們這次想像電梯從地板向天花板射出了一束光，並考慮接下來兩個場景。

場景一，電梯處在一個沒有任何引力的空間裡，它正進行自由自在的等速直線運動。那可以想見，這束光應該既沒有紅移，也沒有藍移，就是它本來的樣子。

場景二，電梯在地球的重力場中做自由落體運動，它有一個自上而下的加速度。這時，天花板會往下加速衝向那一束剛剛離開了地板的光波。當然，天花板看到的光速還是一樣——只是，天花板會發現這束光有一個藍移。

這就有問題了。根據等效原理（在任何局部實驗中，引力效應和加速效應無法區分），場景一和場景二的電梯裡的物理學應該完全一樣，應該是不管做什麼實驗都不會發現兩者有什麼差別。那場景二的藍移是怎麼回事呢？

一般人可能會說：「這說明等效原理不對。」

所以一般人不是愛因斯坦，愛因斯坦非常相信等效原理。

愛因斯坦認為，場景二也應該看不到光的藍移。為了做到這一點，場景二中的重力場必須提供一個紅移，去抵消加速度運動帶來的光的藍移！

為此，愛因斯坦要求重力場——或者說彎曲的時空——必須具備一個性質：它必須帶有紅移！

這就是「重力紅移」。

換句話說，身處重力場中，從高處看星體發出來的光，會有一個天然的紅移。這就表示，同樣一束光，若我在高空中看，會覺得它的頻率變慢了。

而這也就意味著，如果你在地面做什麼事情，我若在高空看你，會覺得你是在做慢動作；你在地面看我，會覺得我是在做快動作。你總是比我慢，這等同於是說——引力能導致時間膨脹。

重力紅移在地面附近所造成的時間膨脹和高度成正比，距離地面愈高的地方，時間過得愈快。

這個效應精確到什麼程度呢？將兩個校時過的原子鐘，一個放在地面，一個放在幾十公尺高的樓上，你都能發現它們走時的差別。因為巴黎和倫敦的海拔高度不同，它們的時間每天相差一奈秒！物理學家還曾經把衛星發射到太陽附近，以驗證廣義相對論的時間膨脹效應，結果和理論非常吻合。GPS衛星距離地面很遠，時間膨脹效應很強，所以計算時間必須考慮到廣義相對論的修正。沒有這個修正，定位精度就會差上十幾公里。

如此的話，生活在山頂的人，要比生活在山腳下的人老得快一些。

說到這裡，我們第五章提到經常在天上飛的飛行員和空服員會因為高速運動比我們年輕一點，就不一定是事實了——這取決於高速運動變年輕和飛得高變老這兩個效應哪個更強。

美國國家標準與技術研究院（National Institute of Standards and Technology，簡稱ＮＩＳＴ）的科學家做過的研究表示，哪怕每小時四十公里的速度，或者三十公分的高度，都足以對原子鐘產生可測量的影響。而對普通航班來說，高度的影響比速度的影響略大一點點。一個飛行了一千萬英里（約為一千六百萬公里）的人，就比地面上的人老〇・〇五九秒。[16]

當然，這些效應在地球上，包括在整個太陽系中都是不明顯的，你完全不必為生活在高海拔地區而感到難過。其實，就連太陽的引力都不算強。

圖 11-1

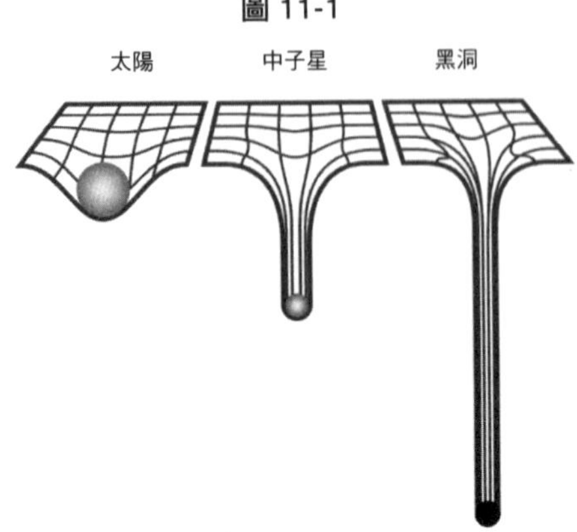

黑洞

根據廣義相對論，一個星體的質量愈大、自身的尺寸愈小，它對周圍空間彎曲的程度就愈厲害。所謂「黑洞」，就是它把周圍空間彎曲得實在是太厲害了，以致連光線都無法從裡面出來。

從外面看，黑洞本身是一個黑黑的洞。但是如果黑洞附近有其他物質，比如星際間的氣體或者帶電的粒子，你會看到它周圍有一個光圈。那些光來自帶電粒子加速度運動產生的輻射。

而普通恆星、質量大體積小的中子星，以及黑洞對時空的彎曲程度都不相

圖 11-2

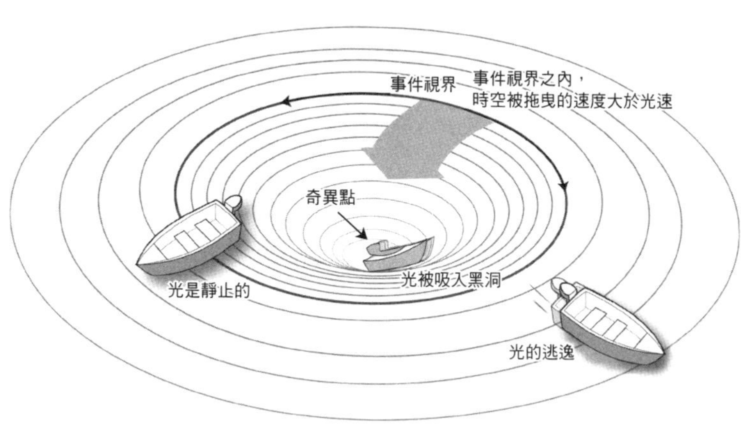

同。（如圖11-1）

與黑洞有關的知識，像史蒂芬・霍金（Stephen Hawking）的《時間簡史》（*A Brief History of Time*）這類書已講了很多，而你需要知道的只是一個概念：「事件視界」（Event Horizon）。

所謂事件視界，就是分隔黑洞內外的一條界線。事件視界以外，光至少還可以離開黑洞；而不管什麼東西一旦進入事件視界，就再也不能逃脫黑洞了。（如圖11-2）

現在，我們來思考一件特別有詩意的事情——掉入黑洞，會是一種什麼樣的體驗？

其他地方可不會帶給你這樣的感受。假設你前往黑洞，我坐在遠處的太空船裡看著你，因為強烈的時間膨脹效應，當你接近黑洞的時候，我會看到你的動作變得愈來愈慢。你會比我老得慢！

接近黑洞不一定就會掉進黑洞裡，事實上，因為黑洞的尺寸往往比較小，想掉進去也不容易。你完全可以把黑洞當作一顆普通的行星，繞著黑洞轉幾圈，你完全是自由落體運動，不會感到任何不適。但是因為黑洞本身的重力場太強，把時空彎曲得太厲害，所以你轉的這幾圈，在我眼中可就太漫長了。如果你轉兩圈再回來找我，可能我已經老死，而你歸來仍是少年。

但是，如果你覺得在周邊轉兩圈不過癮，想進入事件視界看看黑洞裡面是什麼情況，那可就麻煩了。

在事件視界上，你的時間膨脹將會達到無窮大。

也就是說，當你跌入黑洞的時候，我看到的是你愈走愈慢、愈走愈慢，最後你的身影將永遠停留在事件視界上。

我感覺到你再也不動了，你那一刻的形象永遠都保留在我的世界中。你那一瞬間，是我的永恆。

但是時間膨脹是相對於我而言的，你自己不會感覺到這一點，你只會自然地跌入黑洞中。經過事件視界的那一刻，你不會有任何異樣的感覺。黑洞並沒有在邊界線上為你舉行歡迎儀式，你看到的黑洞內部也可以有光線，你眼中的事件視界內外沒有什麼差別。

然而這是一條有去無回的路，你將會被黑洞殺死，但你不是撞到什麼地方摔死的，而是黑洞把空間彎曲得太厲害，可能你身體下半部分的重力會比身體上半部分的重力強很多，這個差異會把你撕裂……

我們無法直接觀測到黑洞，但是我們可以從黑洞附近的星體運動方式判斷它的存在。天文學家已經有充分的證據，在宇宙中找到了很多個黑洞。

有關黑洞的知識都是其他物理學家研究出來的，愛因斯坦沒有回頭看相對論帶來的這場爆炸。他只想做最重要的研究，我們下一章再講。

問與答

Q **讀者提問：**日光是白光，而我們看太陽感受到的是紅色，這也是由太陽引力帶來的紅移效應嗎？

Q **讀者提問：**宇宙膨脹帶來星星紅移的效應和廣義相對論帶來的紅移效應相比，哪個更強一些？

萬維鋼：太陽的重力紅移是非常小的，我們不可能用肉眼觀測到——事實上，在廣義相對論被發現之前，科學家就透過比較太陽光譜和地面上各種元素的光譜

來確定組成太陽的物質成分，他們並沒有發現太陽光有紅移。我們在朝陽和夕陽中看到太陽光是紅色的，那是光線穿過地球大氣被散射的緣故。

我們說「紅移」，意思僅僅是光的頻率變低了一點點——是在光譜上往紅光的方向上移動了一點點，可不是說顏色變成了紅色。重力紅移是個短程的、當地語系化的效應。即使重力場再強，過一段距離之後，紅移就到此為止。

但宇宙膨脹帶來的紅移則是大尺度的效應，距離我們愈遠的天體，紅移就愈厲害，大大超過重力紅移。如果我們看到有一顆星星的光譜有紅移，那基本上都是因為它正在遠離我們，而不是因為它的重力場很強。

第十二章

愛因斯坦的願望

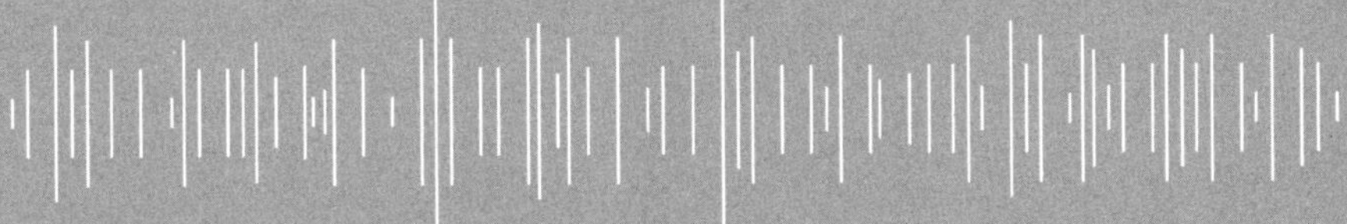

愛因斯坦總是想用一個「更一般」，
或者說「更廣義」的理論，
統一描述看似完全不同的物理現象。
這簡直可以叫「愛因斯坦主義」。

你有沒有做過那種特別厲害的事？比如在一場關鍵籃球比賽中投入絕殺球，在公司的一次重大決策中力排眾議做出正確選擇，用一個充滿個人風格的表演征服觀眾。如果你做過一次這樣的事，就會想再做一次；而如果你已經做過兩次，則會認為這是你唯一該做的事。

愛因斯坦用狹義相對論改變了世人的世界觀，然後用廣義相對論再一次改變了世人的世界觀。這樣的事他做過好幾次，也許征服物理學的世界，就是愛因斯坦唯一該做的事。

十多年前流行一本書叫《創新的兩難》（*The Innovator's Dilemma*），書中講過這樣一個道理：一個因為堅持某種理念而獲得成功的公司，往往會執著於這個理念。這個理念本來是個創新，曾經給企業帶來巨大的成功，但到後來，它往往會成為包袱，阻礙企業嘗試新的創新。

所以，我們到底應該堅持理念，還是不應該堅持理念呢？我認為，任何號稱能給這個問題提供解答的人都是騙子。因為這當中沒有可以機械化操作的方法，你只能自己選擇。

有關相對論的知識，已經接近尾聲。相對論的發現旅程，即使在物理學界中都是絕無僅有的，這是一個充滿愛因斯坦個人風格的探索。總的來說，愛因斯坦的風格有兩個特點。

第一點，要統一。愛因斯坦總是想用一個「更一般」，或者說「更廣義」的理論，以及幾個最基本的原則，統一描述看似完全不同的物理現象。

第二點，要決斷。只要你相信最初的原則是對的，那不管推導出什麼離奇的結果，都只能接受。就算當時的實驗條件驗證不了，將來總有人能驗證。

我覺得這簡直可以叫「愛因斯坦主義」。可是，愛因斯坦是否應該堅持自己的主義呢？

宇宙的命運問題

有了廣義相對論的重力場方程式（前文提及：$G_{\mu\nu} \equiv R_{\mu\nu} - \frac{1}{2}Rg_{\mu\nu} = \frac{8\pi G}{c^4}T_{\mu\nu}$），愛因斯坦要做一件有史以來氣魄最大的事情：他要對整個宇宙求解。

圖 12-1[17]

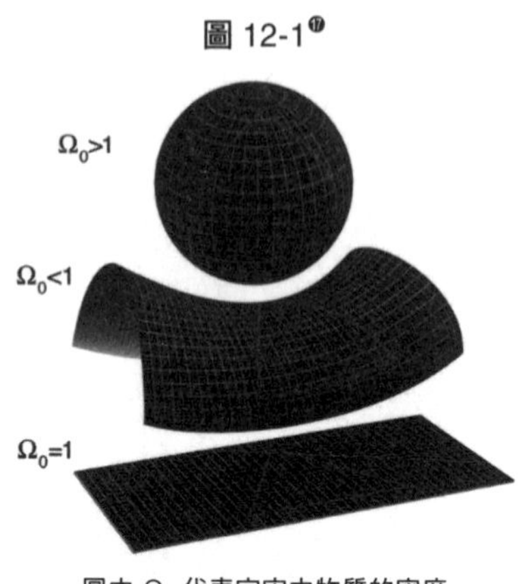

圖中 Ω_0 代表宇宙中物質的密度

在廣義相對論的視角下，宇宙無非就是物質和時空。我們可以想像一片有很多山頭的地方，這裡突出一塊，那裡突出一塊，每一座山代表大質量星球對時空地形的彎曲。

這麼多星球放在如此廣闊的時空中，它們在整體上會呈現一個什麼樣的型態呢？

答案取決於這個宇宙中物質密度的大小。重力場方程式解出來的宇宙大尺度時空，可以有三種情況。(如圖 12-1)

如果宇宙中的物質密度比較大，那麼重力場就會比較強，整個大尺度時空的形狀就會是蜷縮著的，用數學語言來說，就是曲率是正的，好似一個球面。

如果物質密度比較小，那麼重力場就會比較弱，時空的形狀就是伸展開的，曲率為負，就像一個馬鞍形。

如果物質的密度不大不小，那麼時空的形狀就在大尺度上是平直的，曲率正好等於零。

但是，這三個解都有大問題。

如果宇宙的曲率是正的，時空就會不斷收縮；如果曲率是負的或者是零，時空就會不斷膨脹——不管怎麼說，重力場方程式解出來的宇宙時空都不會是靜態的。

這完全違背了當時人們的宇宙觀。人們認為人可以有生有死，地球和太陽都可以毀滅，但宇宙本身，應該是永恆不變的。

這一次，愛因斯坦手軟了，他做了一件不符合自己風格的事。為了讓結果符合傳統的觀念，他修改了自己的理論，給重力場方程式增加了一項，就是帶有希臘字母「Λ」的那一項。

$$\left(R_{\alpha}^{\beta}-\frac{1}{2}g_{\alpha}^{\beta}R\right)+\Lambda g_{\alpha}^{\beta}=\frac{8\pi G}{c^{4}}T_{\alpha}^{\beta}$$

愛因斯坦把Λ稱為「宇宙常數」。他也不知道宇宙常數有什麼物理意義，這一項的存在只是為了提供一個靜態的宇宙解。好在就算多了這一項，廣義相對論在任何局部的計算結果都還是一樣。

然而十幾年之後，天文學家哈伯（Edwin Hubble）系統化地觀測遠方的星體，發現這些星體發出的光譜都有紅移現象——也就是說，遠方的星星都在離我們而去。

對此只有一個解釋，那就是宇宙正在膨脹，宇宙確實不是靜態的。

愛因斯坦後悔不已。他原本有機會提前算出宇宙在膨脹，可是他手軟了，沒有堅持做自己。愛因斯坦說，這是他一生最大的錯誤。

可堅持就一定是對的嗎？

量子力學和統一理論

在廣義相對論帶來宇宙學革命的同時，物理學的另一個陣地正在展開一場同樣重大、同樣震撼，甚至可能更加不可思議的革命，那就是量子力學。

甚至，愛因斯坦還是量子力學的開創者，他第一個提出光並不像水流一樣連續流動，而是一小份一小份的「光子」。他也正是因為這個學說獲得了諾貝爾獎，這也是人們第一次知道「量子」這個概念。

所謂「量子」，就是不連續變化的、分成一小份一小份的東西。物理學家波耳（Niels Bohr）一開始完全不能接受「量子」這個概念，光怎麼可能不連續流動呢？但是後來波耳接受了，而且成了量子理論最堅定的傳道者。

波耳進一步提出，原子中電子的軌道也是「量子」的。電子只能從一個軌道突然跳躍到另一個軌道，而不經過「中間地帶」。

這一次，換成愛因斯坦不能接受這個理論。愛因斯坦無法相信有什麼東西能在時空中跳躍。

相對論認為時空的尺寸可以是相對的，時空的形狀也可以是彎曲的，可是這畢竟尊重了時空本身的存在。並不能說一個東西本來在這裡，突然又出現在那裡！

但是量子力學的革命仍然在繼續。物理學家又發現，一個粒子可以同時穿過兩個縫隙，可以既在這裡，又在那裡——連「位置」和「速度」這些最基本的東西都靠不住了。

愛因斯坦拒絕接受。

量子力學還表示，世界上有些事情是完全隨機發生的，物理學再精確，也不可能對其做出預言。在量子力學的世界裡沒有確定性，只能談機率……

愛因斯坦已經忍無可忍，他說：「上帝不會擲骰子！」

你大概聽說過「索爾維會議」（Solvay Conference），這是當時世界上最厲害的物理學家集會，召開過很多次。就在這些索爾維會議上，愛因斯坦與支持量子力學的物理學家展開一次又一次的論戰。有時候，愛因斯坦白天提出一個想像實驗，證明量子力學的結論不對，波耳會苦思一晚上，第二天指出愛因斯坦推理的漏洞。

物理學的歷史最終站在了量子力學這邊。到一九三〇年代，幾乎所有主流物理學家都接受了量子力學——正如他們都接受了廣義相對論。愛因斯坦陷入孤立。

可是廣義相對論和量子力學之間存在根本的矛盾。廣義相對論認為時空是連續的，只要選定了座標系，位置和速度就都是唯一的。廣義相對論認為物理定律完全可以計算一切運動，而量子力學正好相反。

物理學再次陷入危機。

或者，只有愛因斯坦覺得那是個危機。畢竟廣義相對論是大尺度的理論，而量子力學研究的是微觀的世界。別的物理學家都認為這個矛盾可以先擱置，目前井水不犯河水。

可是愛因斯坦如果坐視這個矛盾不理，他就不是愛因斯坦了。他多麼希望自己能再一次看破紅塵，再一次開拓疆域，得到一個統一理論，告訴世人宏觀和微觀其實是同一回事……

一直到一九五五年離世，愛因斯坦也未能做到。

英雄

我以前讀過一部科幻小說，說愛因斯坦晚年其實已經發現了統一理論，但是因為這個理論能夠帶來不可思議的力量，他決定對世人保密，只告訴了自己的四個學生。後來多方勢力爭奪愛因斯坦的統一理論，導致他的四個學生全部被殺。

可惜，那只是小說家對愛因斯坦的美好祝願。

事實是愛因斯坦不可能得到統一理論，粒子物理學在愛因斯坦去世之後取得了突飛猛進的發展。一九七〇年代，物理學家把電磁相互作用、弱相互作用和強相互作用這三個除了引力之外的自然界基本力統一起來了。愛因斯坦活著的時候還沒有這些知識，他還不知道那些微觀世界的實驗結果。

愛因斯坦在一九三三年定居美國，擔任普林斯頓高等研究院的教授。他脫離了物理學研究的主流，把所有立功的機會都讓給別人，自己堅持去做那個不可能完成的任務。

他逐漸變得離群索居，慢慢疏遠了同事和家人。好在後來普林斯頓來了一位年輕的邏輯學家，庫爾特．哥德爾（Kurt Gödel）——即是提出「哥德爾不完備性定理」的哥德爾。他與愛因斯坦成了忘年之交。

愛因斯坦說他每天之所以還去高等研究院上班，就是為了擁有和哥德爾一起上下班的榮幸。兩人在上下班的路上談論物理、哲學和政治。愛因斯坦能與哥德爾聊得投機，可能是因為哥德爾也相信宇宙是精密數學的產物，他同樣鄙視量子力學。兩人的同事回憶，說愛因斯坦和哥德爾這兩個人相當有話聊，他們都不願意和其他同事聊天。

何謂英雄？有時候想想，愛因斯坦和牛頓大概是人類歷史上最厲害的兩個科學家，但是他們有很大的差別。

牛頓面對同時代的科學家非常傲慢，誰都看不起，但是牛頓對大自然充滿敬畏。牛頓說，我只不過是在海邊玩耍的一個小孩子，偶爾發現了幾個漂亮的貝殼，而在我背後，我沒看到的，是真理的汪洋大海。

愛因斯坦正好相反。愛因斯坦是個非常謙遜的人，從來不與同輩的科學家爭名奪利，但是愛因斯坦對大自然充滿了雄心壯志，認為自己一個人就能發現終極真理！

七十六歲這一年，愛因斯坦因為腹主動脈瘤破裂引起內出血，被送到醫院。這不是什麼絕症，醫生建議馬上進行手術。

愛因斯坦拒絕了。他說：「當我想要離去的時候請讓我離去，一味地延長生命是毫無意義的。我已經完成了我該做的。現在是該離開的時候了，我要優雅地離去。」

愛因斯坦去世後，哥德爾奉命整理他的辦公室。哥德爾看到黑板牆上寫著幾個公式。

那些公式不會得到任何東西，是個死胡同。

問與答

讀者提問：

記得經濟學家說過，他認為所有的學問，有兩門一定要了解，一門是物理學，所謂「無人的世界」；另一門是經濟學，即是「有人的世界」。但是我腦子裡一直在盤旋一個問題：所謂的「人」，不也是從無人的世界裡演化出來的嗎？而且現在物理學已經發展到量子力學，就加入「觀察者」這個角色的作用了。所以是否可以這樣說，量子力學統一了有人和無人的世界？

A

萬維鋼：

有一些物理學家認為人可以影響量子力學效應，但這絕不是說量子力學能解釋人的行為。人的行為和組成人的基本粒子的物理學，是不同層面的問題。

愛德華．A．李（Edward Ashford Lee）在《柏拉圖與技術呆子》（*Plato and*

the Nerd）一書中介紹過一個「分層」的思想：邏輯閘是由電晶體組成的，中央處理器是由邏輯閘組成的，程式是中央處理器的操作，人工智慧是程式實現演算法——然而理解電晶體，可不一定理解人工智慧。每跨越一個層級，就是完全不同的原理。

這個現象也叫「湧現」——東西多了，它們就會表現出某種更宏觀的、更高層次的邏輯。

量子力學能解釋基本粒子的行為，但就算你完全掌握量子力學的計算方法，也解釋不了一個單細胞生物是怎麼運作的。這是因為從基本粒子到單細胞生物中間隔著很多層，一個單細胞生物是由無數個基本粒子組成的，你不可能一個粒子一個粒子地計算，那個運算量是不可接受的。你甚至連十個基本粒子的互動都算不過來，因為太複雜了。

你只能暫時忘記基本粒子，重新歸結一些更宏觀的規律。

因此，就算有朝一日我們找到了物理學的統一理論，也不能說這個世界上就沒有新的學問可以研究了，不同層面有不同層面的學問。

而一個有意思的問題是——既然經濟學是研究人的，人又比基本粒子要複雜得多，那為什麼經濟學的理論似乎都比較簡單呢？答案是因為這些理論都比較粗糙。

這是沒有辦法的辦法，你不可能從第一原理出發，推導出一整門經濟學，只能人為地建立一些大量近似的模型而已。

說到這裡，一位英國經濟學家說過這樣一個笑話：一名物理學家、一名工程師和一名經濟學家同時被困在沙漠裡，他們只剩下一個鐵盒罐頭，可是不知道怎麼樣才能把罐頭打開來。物理學家建議把罐頭放在火上烤，烤熱了，鐵盒就會炸開。

工程師立刻說：「你瘋了嗎？那樣罐頭就會炸得到處都是，我們還吃什麼呢？我們應該找個鐵片撬開它。」

經濟學家接著說：「這可是沙漠！上哪去找鐵片？我看啊，先假設我們有個開罐器吧……」

Q **讀者提問：**

廣義相對論是不是只適用於事件視界以外的宇宙空間？

讀者提問：

有好幾次，科學家從廣義相對論解出某些結果。以後會不會還有人從相對論的數學公式中解出新的結果呢？

A **萬維鋼：**

廣義相對論也適用於黑洞事件視界之內的地方，但並不一定適用於整個黑洞。在黑洞的中心，可能會存在一個質量密度非常非常大、同時尺度又非常非常小的「奇異點」，在這個奇異點上，廣義相對論會失效。

一般來說，廣義相對論研究引力比較強、尺度比較大的物理學。量子力學研究引力比較小、尺度也比較小的物理學。通常它們井水不犯河水，但是黑洞的奇異點這個地方，卻是引力比較強，尺度又比較小，所以廣義相對論和量子力學有可能同時失效。

英國物理學家羅傑．潘洛斯（Roger Penrose）把廣義相對論用於黑洞內部，得到有關奇異點的理論。而霍金則把這個理論用於早期宇宙，並且推算出宇宙起源於一個奇異點。

所以，廣義相對論是個鮮活的理論，你可以對各種情況求解。

第十三章

相對中的絕對

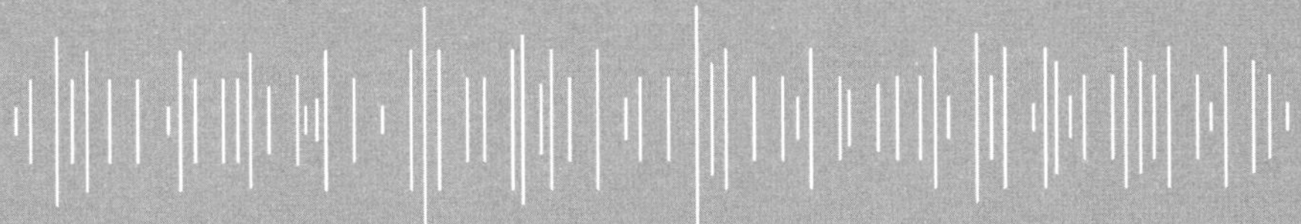

我們介紹相對論的過程中總愛問：這是相對於誰的？
借鑑這一點，當你產生一種強烈觀點的時候，
也應該提醒自己，這是相對於我的。

當時，愛因斯坦在普林斯頓，為哥德爾講相對論。

哥德爾從重力場方程式中發現了一個不同於前人、關於整個宇宙的解。根據這個解，宇宙的時空是旋轉的——每個人抬頭看的漫天星斗都在繞著自己轉，而且如果一個人能沿著同一個方向走足夠長的路程，他不但能回到自己出發的位置，而且能回到自己出發的時刻。

哥德爾算出了一個在時間上迴圈的宇宙。這個解不一定違反因果關係，迴圈不等於穿越，你可能還是改變不了歷史。然而，如果所謂的「過去」還可以再次發生，那它還是過去嗎？如果時間能迴圈，那時間還是時間嗎？

愛因斯坦不喜歡這個解，事實上，我們這個宇宙的觀測證據也不支持這個解，但是哥德爾有一個洞見。

哥德爾表示，我們的宇宙是不是這樣的不重要，關鍵在於有某個宇宙可以是這樣的。相對論的一個合理解法表示「時間流逝是一個幻覺」，那就說明，在所有的宇宙中，時間流逝都是幻覺。

我已經介紹完相對論了，這篇文章講一講我們能從相對論中得到什麼。比如哥德爾所說的，其實「客觀真實」應該與視角無關。

一切都是相對的嗎？

時間可以膨脹，長度可以收縮，時空可以彎曲，你的同時不一定是我的同時……被相對論顛覆了這麼多次，人可能會陷入一種虛無主義。

還有什麼概念是不會被顛覆的？也許世界上的一切都是相對的，也許我唯一知道的，就是我一無所知……

千萬別這樣想。這和有些女孩失戀幾次之後便說「男人沒一個是好東西」是一樣的，這是氣話。學習科學並不是為了證明自己一無所知，而是要「知道自己知道」。

相對論可不是說一切都是相對的，它只是說座標系是相對的。你可以將座標系理解成「視角」。

物理學家愛德溫·F·泰勒（Edwin Floriman Taylor）和約翰·惠勒打過這

圖 13-1

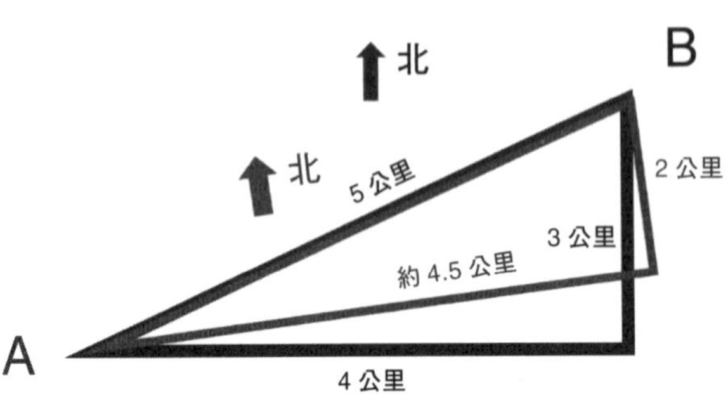

樣一個比方。

現在有個小鎮，請了兩位製圖師來繪製小鎮的地圖。第一位製圖師用指南針確定方向，他以羅盤上的北方為北方，畫了一張地圖。第二位製圖師則是用北極星所在的方向為北方，也畫了一張地圖。

地球磁極和北極星的方向並不一致，可以想見，這兩張地圖肯定不一樣，如果兩個人分別拿著這兩張不同的地圖，互相交流起來就會比較麻煩。比如小鎮中的A點代表你家，B點代表你要去的一個商店。第一張地圖表示，B點在A點向東四公里，再向北三公里的地方；第二張地圖表示，B點是在A點向東大約四．五公里，再向北兩公里的地

方。B點和A點的方位關係，顯然是相對的。（如圖13-1）

但是，如果你要問從A點到B點的直線距離有多長，那不管你用的是哪張地圖，答案都是五公里。這個距離是一個絕對的事實。不管地圖的北方在哪裡，只要製圖師沒畫錯，圖上兩點之間的距離就是絕對的。

製圖師選擇自己的北方，就選擇了座標系。座標系只是各人不同的視角，客觀真實是客觀真實。

不變數

當然，在相對論中連距離都不是絕對的，距離的長短取決於你的座標系和這段距離之間的相對速度。但是，相對論中也有一些東西與座標系無關，是絕對的。

比如「事件」就是絕對的。每個人可以對位置和時間有不同的看法，但是事件就是事件。好比打出一束光、哥哥和妹妹見面，不管在哪個座標系看，都是同樣的事件。

愛因斯坦在蘇黎世聯邦理工學院上大學的時候，物理系有個名叫赫爾曼・閔考斯基（Hermann Minkowski）的教授曾經教過愛因斯坦數學。可能愛因斯坦那時候對閔考斯基沒有深刻的印象，但是後來閔考斯基主動學習了相對論，而且研究出一套數學工具，能把相對論的計算變得既簡單又美觀。

閔考斯基研究出的工具叫「四維向量」。四維向量可以讓物理量在四維時空當中轉換。把時間當作一維，空間三維，時空的四維向量可以寫作（ct, x, y, z）。不管是什麼座標系，假設在時空中有兩個事件，分別以A和B表示，兩個事件的「時間間隔」是t，空間三個維度的間隔分別是x、y、z，那麼閔考斯基規定，它們的「時空間隔」是「$d^2=c^2t^2-x^2-y^2-z^2$」。

這個距離是一個絕對的不變數。不管在哪一個座標系中，d^2的數值都是一樣的。

座標系是各人的視角，而不變數揭示了客觀真實。

如果d^2大於零，這表示事件A和事件B之間是一個「類時間隔」，也就是時間意義上的間隔。這就意味著兩個事件總是一個先發生，一個後發生，它們都在各自的光錐之內，它們之間可以有因果關係。

如果d^2小於零，這就是「類空間隔」，也就是事件A和事件B空間距離太遠，不可能存在因果關係。它們並不在各自的光錐之內，誰先發生與誰後發生是相對的。

還有「類光間隔」，也就是d^2等於零，這說明了光正好可以從事件A走到事件B。

因果關係是個不變數，而不變數是相對中的絕對。

其實愛因斯坦一度想把相對論叫成「不變論」，因為理論的出發點是光速不變。

現在，我們還知道事件與事件之間的時空間隔是不變的，物質的靜止質量也是不變的。能量和動量都和座標系有關，但是如果把能量和動量放在一起形成四維向量，靜止質量就是這個四維向量的不變數。還有電荷與電流，靜電位能和向量位能，其中都蘊含著不變數。

物理學研究的東西，叫「客觀真實」。首先要承認有客觀真實才行，不能說什麼都是虛幻的。相對論改造了我們的時空觀，但你不能說時空都是幻覺，它只是將時空的含義變得更豐富而已。

相對論帶給我們什麼？

物理學是最解放思想的學問，也是一門僅次於數學的嚴謹學問。物理學教給我們的精神是既要激進地開放思想，又要激進地審視自己的觀念。

先說觀念。你必須要學會區分哪些觀念是你自己視角下的一個印象，哪些是經過理性推導和觀測驗證的客觀真實。

羅伯．賴特（Robert Wright）在《令人神往的靜坐開悟》（*Why Buddhism is True*）這本書中提到了關於「色即是空」的一種理解。佛學說的色即是空，可能並不是說世間萬事萬物都是空的——空的不是東西本身，而是你賦予這個東西的內涵，也就是你自己的印象。

比如有一朵塑膠花，如果你知道這朵花曾經被某個名人戴過，它擁有一個故事，你就會賦予這朵花特殊的內涵，覺得它特別珍貴。這個內涵就是相對的，是你主觀視角下的主觀看法。

換個座標系，哪怕請專家對這朵花做技術鑑定，他也不會覺得有什麼特別之處，可能還會覺得這朵花不怎麼好看。

愛因斯坦說，如果引力是真實的存在，怎麼可能在一個座標系下有，在另一個座標系下沒有呢？我們可以說引力是個幻覺，也就可以說每個人賦予這朵花的內涵都是空的。

這朵花的存在是絕對的，但是人們對花的印象是相對的。

我們介紹相對論的過程中總愛問：這是相對於誰的？借鑑這一點，當你產生一種強烈觀點的時候，也應該提醒自己，這是相對於我的。

比如用相對論觀看一場足球賽。裁判判罰我方球員，你可能會覺得裁判這次判罰不公平，對方球迷卻可能認為裁判只有這次判罰才公平。而當你宣稱我方球員犯規是為了國家的勝利，或國際比賽不用講求規矩的時候，希望你能夠保留一點鑽研相對論的習慣，問問如果是在對方的座標系下，應該怎麼看待這些行為。又當你宣稱大家都是各為其主，這個世界上根本就沒有絕對的對錯時，希望你能夠想想相對論裡的那些不變數，最起碼可以統計一下雙方各自的犯規次數。

三種收穫

相對論總是提醒我們思想的局限性。亞里斯多德認為靜止是最自然的運動狀態，牛頓認為等速直線運動也是最自然的運動狀態，而愛因斯坦說沿著測地線的任何運動都是最自然的運動狀態。

我們難以接受相對論的結論，是因為我們從來都只生活在低速的環境之中。那麼，我們能不能舉一反三，看看還有什麼思想，是自身環境的產物呢？

比如，你在鄉村獲得的經驗，能夠適用於大城市嗎？你在歷史上獲得的經驗，能夠適用於現在嗎？

廣義相對論告訴我們宇宙不是靜態的，它曾經有一個開始，它曾經只有有限大。人們曾經以為整個物質世界在時間上無始無終，在空間上也無邊無際。這顯然是一種亞里斯多德式的論斷，是原始的思維。

相對論也打開了一扇大門。愛因斯坦讓世人深刻地意識到，現實可以和日常生活有如此巨大的差異。

自從有了相對論，物理學就從「反對日常直覺」變成「日常反直覺」。哥德爾說時間的流逝是個幻覺，愛因斯坦並沒有贊同他，這個論斷只能留待科學檢驗。然而愛因斯坦反對量子力學，現在，量子力學已經是物理學家的常識。

也許只有到了連愛因斯坦都反對你的時候，你才算是懂愛因斯坦了。

相對論還帶給我們樂觀的情緒。也許現在有一個偏遠地區的孩子，從來都沒進過城。他考上了大學，要去大城市。他可能知道——也可能不知道——大城市的生活和他家鄉的生活完全不一樣。他將來還會去世界各個地方，他會發現這個世界完全超出他的想像。

這個孩子會不會感到害怕？

如果你學了相對論，我希望你告訴這個孩子別害怕。

這個世界和我們想的非常不一樣，我們的很多觀念都錯了，但正如相對論所展示的那樣，這個世界比你我想像的精彩和豐富得多，也會好得多，只要你願意克服自己的偏見與無知。

愛因斯坦說：「上帝是不可捉摸的，但並無惡意。」

假如未來發生什麼大災變，讓世界重歸黑暗，人們不再鑽研科學，拜倒在虛幻的神和壓迫的權力之下，被偏見和狂熱蒙蔽，只看到眼前的計較和平庸的善惡……

我希望至少你和我，我們這幾個人還記得，這個世界曾經擁有過愛因斯坦，擁有過相對論這個美麗的理論。

問與答

讀者提問：

我有些擔心，若女兒看了相對論後，會不會對她的日常物理學習造成飄搖錯亂的感覺呢？

讀者提問：

學習相對論後，感覺這門理論的核心內容在本質上不難理解，難的是我們對經典物理學根深蒂固地全盤接受。如果讓中學老師講解相對論裡關於「引力」的解釋，我認為學生們未必聽不懂……

你會告訴自己的孩子，中學老師講的「萬有引力」是錯的嗎？

A **萬維鋼：**

在學習中感到飄搖錯亂，是一個難得的美好體驗。整天都按照清晰的規則操作實在沒有意思，當上級的命令和內心的道德發生衝突的時候，人才能夠成長……

而相對論是個很安全的知識，一般不會激化與老師教學物理知識之間的矛盾。學校老師在課堂上講一個大眾的版本，孩子坐在那裡笑而不語，心中知道一個更透徹的版本，這難道不是一種令人愉悅的成就感嗎？這種優越感也許能刺激孩子更好學。

教科書是給所有人用的，可能大多數的人對物理知識並沒有那麼大的好奇心。但誰也沒規定十八歲以下的青年只能從教科書中獲得知識，多方涉獵、量身打造、主動出擊，也是讀書人求知的本分。

我的孩子年齡太小，我沒講物理給他們聽，倒是找了一本課外的小學數學書讓我兒子學。那本書裡有一個簡便演算法的公式，我兒子認為他的老師必定不知道那個公式。他把公式抄在卡片上，帶到學校向老師炫耀。我沒有阻止，老師也很配合，我兒子在數學上獲得了一次「虛榮心」的滿足。

讀者提問：

相對論是清朝末年被提出的，想到這裡我不勝唏噓。除了相對論，還有哪些是即使今天聽說，依然極其前衛的學問呢？

萬維鋼：

我小的時候看了很多關於外星人、遠古文明、神祕現象的東西。對比小學教的知識，我感覺人類太渺小了，只有外星人的科技才厲害。現在想起來，我那時純粹是坐井觀天。

千萬不要低估現代文明。啟蒙運動以來的所有學問，都和我們在日常生活中的認知非常不一樣。科學只是一方面。現代學者所研究的東西，包括「道德」這種古老的話題在內，都很前衛。

那為什麼這些已經超過一百年的學說還沒有普及呢？為什麼我們還整天拿

幾千年之前的那一套眼光進行思考呢？這可能是因為我們還沒有完成啟蒙。人類中的先進分子發現新知識的速度，大大超過了人類整體的適應速度。

番外篇

詳解孿生子弔詭

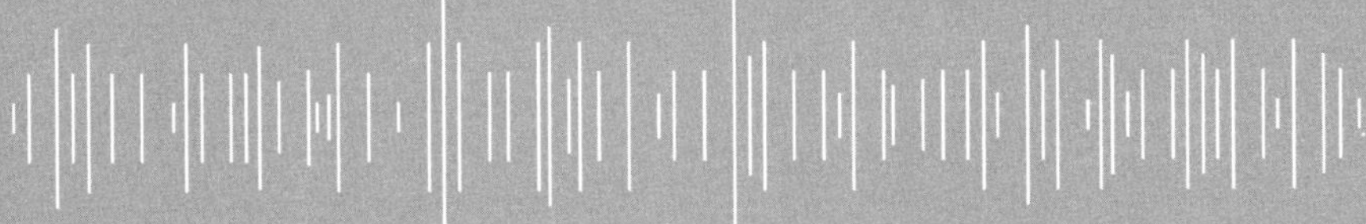

我們面對面在一個地方相聚，
你看我是幾歲或我看你是幾歲，都是清清楚楚的。
但是，如果在這個相聚事件中，
你說你有一個兄弟在五光年以外的一個星球上工作，
並告訴我他現在的年齡，
那我可就不一定認同你的觀點了。

我們專門用一章把「孿生子弔詭」徹底解釋清楚，這些內容不影響你理解相對論的大局。我們不會用到什麼特別的數學，但是推導過程有些「燒腦」，需要調用比較多的短期記憶力，所以這篇文章專門獻給愛鑽研的讀者。

有些民間科學家認為孿生子弔詭說明相對論是錯的，有人認為必須學會廣義相對論才能理解孿生子弔詭，還有人用到「閔考斯基時空」裡的「世界線」來解釋孿生子弔詭。

其實孿生子弔詭一點都不神祕，它在相對論的教科書裡是常規專案。我在這裡用一個最直觀的解釋幫助你理解[18]。我們將會看到孿生子弔詭的確會涉及一點廣義相對論，但是它本質上是個狹義相對論的效應。

基礎準備

先做一點準備，我們要用到相對論的三個效應。

第一，運動物體的時間會變慢

第二，運動物體的長度會收縮。

第三，「同時」是相對的。

除此之外，我還想再次強調「事件」這個概念。所謂事件，就是在特定的時間和地點發生的事情，它是一個非常當地語系化的東西。

比如，我們面對面在一個地方相聚，這是一個事件。事件是實實在在發生的，它是絕對的，不是相對的。哪怕我們是高速擦肩而過，只要在某個時刻，我們曾經非常靠近，可以迅速打個照面，就構成了一個事件。

在這個事件中，你看我是幾歲或我看你是幾歲，都是清清楚楚的。不管是誰，在哪個座標系裡看這個事件裡的你我，誰年輕、誰年老都是一目了然，沒有任何異議。

但是，如果在這個相聚事件中，你說你有一個兄弟在五光年以外的一個星球上工作，並告訴我他現在的年齡，那我可就不一定認同你的觀點了。我與你構成一個事件，因為你就在我身邊。但我與你的兄弟，可不算構成事件。

如果你說你的兄弟今年三十歲，那是在你的座標系中的看法。如果我與你之間存在相對運動，也許在我的眼裡，他現在就不是三十歲——因為你的「現在」不等於我的「現在」。「現在」是個幻覺，「同時」是相對的。

有了這些理論準備，我們就可以仔細考察孿生子弔詭了。

為了將這件事徹底講明白，我們假定有兄妹三人，他們是三胞胎。妹妹一直待在地球上。哥哥坐著太空船從地球出發前往A星球，再從A星球回到地球。姐姐則一直待在A星球。

假設地球和A星球之間沒有相對運動，也就是說，A星球對地球來說只不過是個比較遠的地方而已。那麼，我們就可以建立一個讓地球和A星球都靜止的座標系，顯然在這個座標系中，妹妹和姐姐也是靜止的——她們可以在這個座標系裡「同時」成長，她們的年齡總是一樣。

我們再假設在相對於妹妹靜止的座標系中，地球到A星球的距離是二十光年，哥哥的太空船速度是〇・八光速。為了盡可能地去除廣義相對論效應，我們假設哥哥一直保持高速，加速和減速都不需要花時間。

有了前述的限定條件，現在我們定義三個事件。

事件一：哥哥和妹妹在地球告別。
事件二：哥哥到達A星球和姐姐見面。
事件三：哥哥回到地球和妹妹見面。
如果孿生子弔詭沒錯，相對論沒問題，那麼這三個事件當事人的年齡，就應該與兄妹二人所在的座標系無關。
現在我們就思考一下，在兩個座標系中，三個事件發生時當事人的年齡。

妹妹的座標系

在妹妹的座標系中，她和姐姐是靜止不動的，哥哥在做運動。地球到A星球的距離是二十光年，哥哥的速度是〇．八光速。
事件一發生的時候，哥哥和妹妹在一起，而姐姐和妹妹在同一個座標系裡互相靜止，所以兄妹三人的年齡是一樣的，為求簡單起見，我們乾脆假設這時候他們都是零歲。（如圖14-1）

圖 14-1

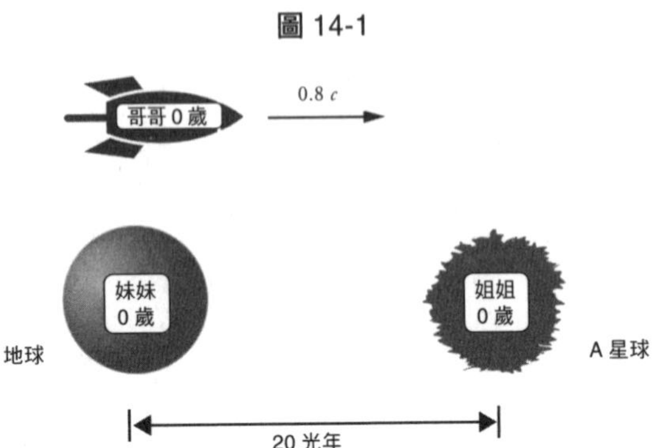

在妹妹看來，哥哥要飛行二十五年才能到達A星球。所以事件二發生的時候，妹妹和姐姐應該都是二十五歲。但是因為哥哥在高速運動，他相對於妹妹的座標系有個時間變慢的效應，所以哥哥這時候應該只有十五歲。（如圖14-2）

所以哥哥和姐姐一見面，就已經比姐姐年輕了十歲！你可能會問：為什麼是哥哥比姐姐年輕？難道相對於哥哥，姐姐不也在做高速運動嗎？這個問題我們後續會提到，因為那是哥哥的座標系裡的事情。

等到事件三，在妹妹的座標系下，哥哥又要飛二十五年才能回到地球，這時候妹妹已經五十歲了。而因為哥哥是高速運動，他

圖 14-2

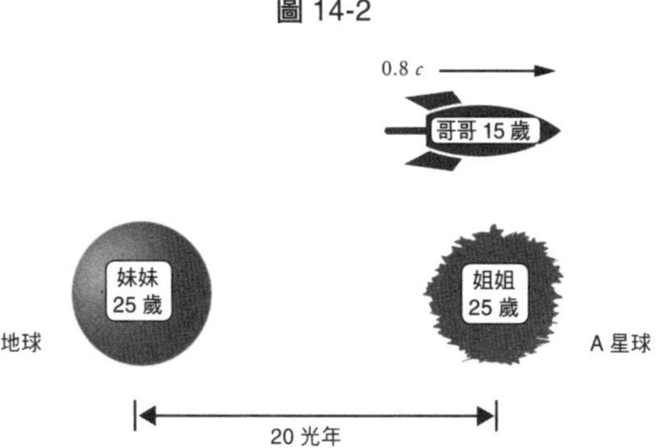

又有時間變慢的效應，他飛行這段距離還是只用了十五年。哥哥這時候是三十歲。

哥哥飛了一圈，妹妹原地不動，結果哥哥比妹妹年輕了二十歲。

人們對孿生子弔詭的全部質疑，就是在哥哥不動的座標系裡，妹妹不也相當於飛了一圈嗎？為什麼不是妹妹更年輕呢？

哥哥的座標系

在相對於哥哥靜止的座標系中，是指哥哥的太空船靜止不動，妹妹和從地球到A星球的這段距離在以〇．八光速的速度運動。既然這段距離在運動，它就有相對論長度收

圖 14-3

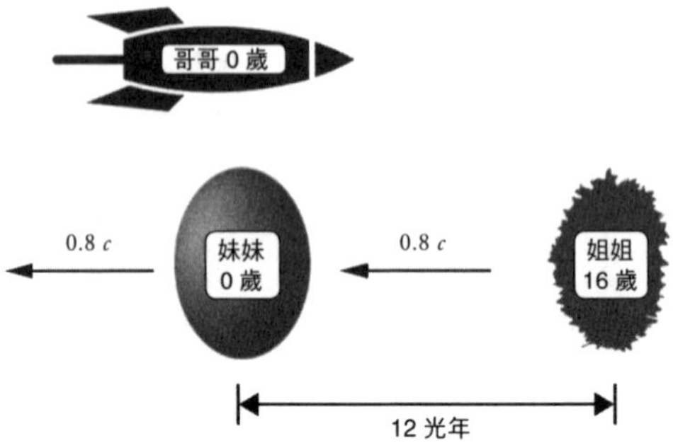

哥哥 0 歲

0.8 c

妹妹
0 歲

0.8 c

姐姐
16 歲

12 光年

縮的效應，所以在哥哥的眼中，地球到A星球的距離不是二十光年，而是十二光年。（如圖14-3）

事件一發生的時候，哥哥和妹妹在一起，他們都是零歲。但是在哥哥的座標系中，遠在A星球的姐姐可不是零歲。

這是因為「同時」是相對的！在妹妹的座標系中，妹妹和姐姐是同時長大的，但是在哥哥的座標系中，姐姐會比妹妹先長大！在哥哥眼中，在發生事件一的時候，姐姐不是零歲，而是十六歲。[19]

從事件一到事件二，哥哥看到的是十二光年的距離以〇・八光速的速度運動，應該用上十五年。所以事件二發生的時候，哥哥

圖 14-4

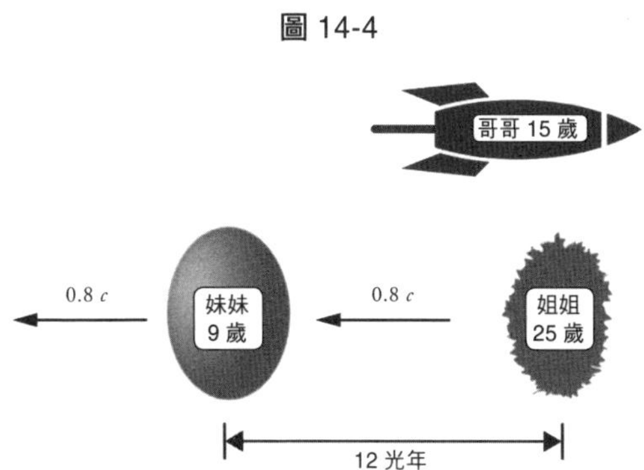

是十五歲。（如圖14-4）

而既然現在是姐姐在高速運動，所以姐姐的時間會變慢，從事件一到事件二，姐姐可沒有用上十五年，其實，她只用了九年！所以事件二發生的時候，姐姐是二十五歲（16+9=25）。妹妹也用了九年，妹妹是九歲。

這就解決了前文的矛盾。在哥哥的座標系裡，是姐姐的時間慢，但姐姐起步晚，所以哥哥還是比姐姐年輕，根本原因在於「同時」是相對的。而此時哥哥眼中，妹妹的確比哥哥年輕，她只有九歲。

接下來，哥哥要掉頭飛回地球。這裡有個關鍵問題——哥哥掉頭的過程中，他的座標系會發生變化。

掉頭之前，是「地球—A星球」相對於哥哥自右向左飛；掉頭之後，是「地球—A星球」相對於哥哥從左向右飛。也就是說，一旦掉頭，轉換了座標系，在哥哥眼中的妹妹就好像事件一時的姐姐一樣，遠方的妹妹會比眼前的姐姐大上十六歲。

既然姐姐是二十五歲，妹妹就應該是四十一歲（25+16=41）。

從事件二到事件三，哥哥還是需要十五年的時間，變成三十歲。而高速運動的妹妹只需要九年的時間，變成五十歲。

結論

我們看看這三個事件，不管是在妹妹的座標系還是在哥哥的座標系中，兩個當事人的年齡都是一樣的。

事件一：哥哥零歲，妹妹零歲。

事件二：哥哥十五歲，姐姐二十五歲。

事件三：哥哥三十歲，妹妹五十歲。

差別在於不在場的第三人的年齡。

事件一：在妹妹座標系中，姐姐零歲；在哥哥座標系中，姐姐十六歲。

事件二：在妹妹座標系中，妹妹二十五歲；在哥哥座標系中，妹妹九歲。

事件三：在妹妹座標系中，姐姐五十歲；在哥哥座標系中，姐姐三十四歲（25+9=34）。

在場的人構成事件，年齡都能對上；而不在場的人的年齡，因為「同時」是相對的，只能算觀點。其實相對論中各種所謂的悖論，幾乎都是因為「同時是相對的」。

為什麼是哥哥比妹妹年輕，而不是妹妹比哥哥年輕？因為哥哥和妹妹的經歷並不是等價的。妹妹一直都在做同一個等速直線運動，而哥哥經歷了兩個不同方向的等速直線運動。為此哥哥必須在A星球減速，掉頭，再加速，妹妹沒有這種經歷。

我們應該好好體會一下哥哥在A星球的那次掉頭。掉頭之前哥哥還以為妹妹比自己年輕。在整個掉頭過程中，哥哥和就在A星球的姐姐都沒有什麼年齡變化，可是掉頭之後，哥哥再看妹妹，感覺妹妹一下子就老了三十二歲！

這就是為什麼去黑洞執行一次任務，回來會發現別人都比你老得快——這就暗示了廣義相對論。因為哥哥的這次調頭是一次劇烈的加速度運動，而加速度運動等效於一個強重力場。哥哥相當於是處在一個大質量天體的表面，而妹妹相當於是站在高處看哥哥——妹妹感受到了重力紅移。

註釋

第四章　刺激一九〇五

❶ 圖片繪製者：Sacamol

❷ 圖片繪製者：Sacamol

第五章　穿越到未來

❸ 半衰期：放射性元素的原子核有半數發生衰變時所需要的時間。

❹ John S. Reid, Why We Believe in Special Relativity: Experimental Support for Einstein's Theory, https://spacetimecentre.org/vpetkov/courses/reid.html, March 21, 2019.

❺ David Morin, *Special Relativity: For the Enthusiastic Beginner* (2017). 該書列舉了孿生子弔詭的五種計算方法。

第六章　「現在」，是個幻覺

❻ 圖片繪製者：Acdx

❼ 圖片繪製者：Acdx

❽《地球不見了，月亮會知道？：不是科學家也能懂，91個無窮宇宙中的神奇奧祕》（*Simply Einstein: Relativity Demystified*），理查．沃夫森（Richard Wolfson）著。

❾ 圖片繪製者：H2NCH2COOH

第七章　質量就是能量

❿ 當年費曼講解相對論到這裡的時候曾說過，學習狹義相對論，記住這一個公式就行了，這個公式代表了狹

義相對論對牛頓力學的所有修正。我們這裡僅是意會式的介紹，嚴格地說，這個公式來自於「動量守恆」的要求。

⓫ 如果你學過高等數學，這個方法叫泰勒展開式。實際的思想很簡單，就是考慮速度比較低的情況下，質量公式是什麼樣子。

第八章　不可思議的巧合

⓬ M理論的M代表「膜」，也涵蓋了「神秘」、「魔法」，甚至「母親」的意思，是統一各種弦理論的框架。

⓭ 因重力效應而能觀測到其存在，但目前不知道其性質、形式的物質。

⓮ 因觀測到宇宙正加速膨脹，是受到暗能量的斥力影響，而推測其存在的一種能量形式。

第九章　大尺度的美

⓯ 圖片繪製者：CheCheDaWaff

第十一章　黑洞邊上的詩意

⓰ 相關講解參考：https://scienceline.org/2010/10/do-frequent-fliers-age-more-slowly/

第十二章　愛因斯坦的願望

⓱ 圖片來源：NASA / WMAP Science Team。

番外篇　詳解孿生子弔詭

⓲ 本章詳細計算過程參見 David Morin, *Special Relativity: For the Enthusiastic Beginner* 一書；圖片繪製參考 *Simply Einstein: Relativity Demystified* 一書。

⑲這個十六歲是如何計算的呢？如果你想將相對論掌握到如物理系學生的水準，可以查閱註釋18中David Morin的書。計算公式是「Lv/c^2」，其中 v 等於〇・八，L 等於二十。

我想知道上帝是如何創造這個世界的。對於這個或那個現象、這個或那個元素的譜，我不感興趣。我想知道的是祂的思想。其他都是細節問題。

——**阿爾伯特·愛因斯坦**

國家圖書館出版品預行編目 (CIP) 資料

高手相對論：「精英日課」人氣作家，帶你理解天才的思考，改變你看待世界萬物的方法／萬維鋼著. -- 初版. -- 臺北市：遠流出版事業股份有限公司，2022.02
面；公分. --（Beyond；31）
ISBN 978-957-32-9396-5（平裝）

1. 相對論 2. 通俗作品

331.2 110020849

Beyond 031

高手相對論

「精英日課」人氣作家，帶你理解天才的思考，改變你看待世界萬物的方法

作者／萬維鋼

資深編輯／陳嬿守
封面設計／朱陳毅
行銷企劃／舒意雯
出版一部總編輯暨總監／王明雪

發行人／王榮文
出版發行／遠流出版事業股份有限公司
104005 臺北市中山北路一段 11 號 13 樓
電話／(02)2571-0297 傳真／(02)2571-0197 郵撥／0189456-1
著作權顧問／蕭雄淋律師

2022 年 2 月 1 日 初版一刷
2023 年 8 月 25 日 初版二刷
定價／新臺幣 380 元（缺頁或破損的書，請寄回更換）

ISBN 978-957-32-9396-5

YLib 遠流博識網 http://www.ylib.com E-mail: ylib@ylib.com
遠流粉絲團 https://www.facebook.com/ylibfans